食品健康

家庭自助图解一本通

【干货卷】

北京大学营养学副教授、北京市食品安全标准专家权威的作者助你成为家庭食物安全与健康的掌舵人

张召锋／编著

U0361382

电子工业出版社

Publishing House of Electronics Industry

北京·BEIJING

图书在版编目（CIP）数据

食品健康家庭自助图解一本通.干货卷 / 张召锋编著.—北京：电子工业出版社，2015.3
ISBN 978-7-121-25279-2

Ⅰ.①食⋯ Ⅱ.①张⋯ Ⅲ.①干货－食品安全－图解②干货－食品营养－图解
Ⅳ.①TS201.6-64②R151.3-64

中国版本图书馆CIP数据核字（2014）第303407号

责任编辑：张　轶
印　　刷：中国电影出版社印刷厂
装　　订：中国电影出版社印刷厂
出版发行：电子工业出版社
　　　　　北京市海淀区万寿路173信箱　　　　邮编：100036
开　　本：889×1194　1/24　印张：12.5　　字数：229千字
版　　次：2015年3月第1版
印　　次：2015年3月第1次印刷
定　　价：49.80元

　　凡所购买电子工业出版社图书有缺损问题，请向购买书店调换。若书店售缺，请与本社发行部联系，联系及邮购电话：（010）88254888。

　　质量投诉请发邮件至zlts@phei.com.cn，盗版侵权举报请发邮件至dbqq@phei.com.cn。

　　服务热线：（010）88258888。

总序

　　随着生活水平的不断提高，人们的饮食也日益丰富起来。不过正所谓"万变不离其宗"，无论食物的样式有多少变化，它们总是由蔬菜、水果、五谷杂粮、肉、蛋、奶等最基本的食材构成的。因此，可以说我们每天吃的食物就是这些十分常见且简单的东西。对于普通大众而言，"吃"看似一件非常简单的事情，然而要想吃得安全、健康就另当别论了。为什么这么说呢？任何一种食物，从挑选食材、制作成肴，到端上人们的餐桌，往往会受到许多天然或人为因素的影响，这些因素的好坏直接关系到食物品质的高低，人们吃得好与不好是受这些因素影响的。

　　近些年来，食品安全与健康问题逐渐成为人们颇为关注的焦点，人们对于"吃"也不仅仅停留在追求口感上了，而是会更加注重其来源及营养功效。蔬菜、水果有没有喷洒农药，鸡鸭鱼肉是否暗藏有害的激素，米面粮油会不会掺假、掺毒，怎样保持食物的新鲜度，如何降低食物的有害成分，什么样的食物搭配在一起食用更有益健康……这些都是与选购、保存、清洗、烹饪、食用以及食物等息息相关的内容，只有弄清这些问题，我们才能最大限度地保证自己吃得安全、吃得健康。对于许多人来说，我们毕竟不是食物的生产者，因此无法从源头上把控食物的安全性，所以在与食物接触的时候，我们需要多留一点心眼，多花一点心思。

我看过不少关于食物安全与健康的书，但是这些书大部分只是侧重食物的某一个方面，例如专门讲解选购方法、只解读食物的营养功效等，完全将食物安全与健康割裂开来，很容易让读者忽略某些重要的方面。如果能有一本书可以从食材选购一直讲到把食物端上餐桌，逐一、细致地将每个环节完整道来，这该是一件多么造福于民的事情啊！

于是在这个思路指导下，我精心打造了这套《食品健康家庭自助图解一本通》，分别以素食、水果、干货、肉蛋奶为主题，让读者朋友全面了解生活中常见的4大类食物，从而真正实现吃得安全、吃得健康。

在素食卷中，从叶菜、果菜、茎菜与花菜、地下蔬菜、菌类与藻类5个方面，详细解析了常见素菜的选购、保存、清洗、健康吃法和科学烹饪等，为大家的健康和安全保驾护航；在水果卷中，从仁果类、浆果类、核果类、坚果类、柑橘类、瓜果类以及其他类7个方面，详细阐释了水果挑新鲜吃安全的健康学，让大家在食用水果的时候无后顾之忧；在干货卷中，为了让干货在食用时真正达到健康和安全的目的，从五谷杂粮、干蔬、干果、海鲜干货以及调味品干货5个方面对此做了详细解析；在肉食卷中，我们分别从肉类、水产类和蛋奶类3个方面对饮食健康和安全做了事无巨细地讲解。

为了使广大读者能够轻松、有效地掌握食物的安全与健康，书中在选购方面采取了对比与图解的方式，教大家轻松辨别食物的好坏。本套书还为大家提供了适用于现代家庭的食物保存和保鲜技巧，方法简单明了，操作灵活便捷。另外，本套书从清洗、烹饪、健康吃法以及营养分析等方面为大家详解了食物的健康和安全知识。不仅如此，书中还结合具体内容搭配了不同的小贴士，不但可以保证内容更加完整，还能全方位为大家提供饮食健康方面的安全知识。

与其说这是一套关于食物安全与健康的书，倒不如说它是专属于您的生活管家、安全卫士和营养顾问。我所希望的是，这套书能让大家吃的每一口食物都安全、营养、美味，能为大家创造安全、健康的饮食生活，愿读者能从阅读中收获一份受益的珍宝。

分序

　　在开始看这本书前，请大家先思考一个问题：你吃的食物如何？俗话说"民以食为天"，食物是我们的生命之源，然而这一源泉为我们提供的并不只是延续生命的物质，还有危害生命的毒物！这些毒物来自许多方面，既有大自然的尘埃、细菌，食物腐坏，疾病，也有农药、化肥、生长激素、添加剂等化学品。有些毒物是可以通过清洗、加热等方式清除的，但有些毒物却深入到了食物内部，为人们的健康埋下了巨大安全隐患。

　　要想减少这些饮食安全隐患，那就要从日常最容易接触食物的方面做起，而在日常生活中，我们与食物距离最近的时候当属选购、保存、清洗、烹饪和食用了，只要在这些方面中时刻不忘安全和健康，那饮食安全隐患自然会随之减少。本套书专门从上述这些方面入手，为大家详细讲解了如何挑选、保存新鲜又安全的食材，同时告诉大家如何用科学、健康的方法料理食材，帮助大家达到买得放心，吃得安心的目的。

　　本书以干货为主题，共分为 5 个部分，内

容涵盖五谷杂粮、干蔬、干果、海鲜干货以及调味品干货，大部分干货都是生活中常见的。书中采用食物好坏对比以及图文分析的方式，告诉大家选购上好食物的方法，为大家提供了适合现代家庭实用的保存技巧，同时又从清洗、泡发、烹饪、营养等不同的角度对干货做了全面的、健康的讲解。此外，本书还从干货的细微之处入手补充了一些温馨小贴士，比如搭配食用等，意在帮助大家能更加安全、健康地食用干货。本书的语言轻松活泼，内容详细全面，技巧简单实用，插图恰当精美，皆在为大家带来不一样的阅读感受，营养轻松的阅读环境，让读者能从中获得知识并应用到实际生活中。

提到干货大家似乎很陌生，其实它就是我们熟悉的"陌生人"，只有我们真正地走进它，全面地了解它，才能收获到安全和健康。真心希望本书能成为您家庭里的饮食安全和健康指南，为您家庭成员的健康保驾护航。

最后，我要感谢以下朋友，他们有的为本书提供了资料，有的参与了部分小节的编写，有的为我审核了相关数据，感谢他们的辛勤工作，他们是：陈计华、陈梅、陈伟华、张红英、刘晓艳、杨文泉、陈楠、张猛、胡玮、邢立方、杜浩、王俊江、张淑环、王丽、张伟。

目录

PART 1　五谷杂粮——不仅要吃得放心，还要吃得营养

在饮食界中，五谷杂粮就像一位"大家长"，发挥着举足轻重的作用。它除了为人们提供主食外，还能加工成其他食品，丰富人们的饮食生活。因此，只有保证五谷杂粮的安全，才能保证人们饮食的健康。

PART 2   干蔬——耐存储、风味独特，营养不亚于新鲜蔬菜

与新鲜的蔬菜相比，干蔬最大的特点之一就是更容易保存，虽然没有鲜亮的外表，但是干蔬依旧受到许多人喜爱。由于干蔬需要经过一些细节加工，有些不法商贩会趁机从中"做手脚"，再加之外界环境的影响，因此，干蔬容易受到一些污染。若想吃得健康，我们就要从多方面关注与干蔬相关的饮食安全问题。

常见的风干蔬菜

营养美味的山珍

PART 3   干果——休闲、健康的小食品，食用方法很简单

干果是一种集美味、营养于一身的健康食品，许多品种在国际上都享誉盛名。在日常生活中，干果不仅可以当做休闲聚会的零食，还能作为配菜与其他食物一起烹制美食。那么，怎样才能吃到最安全、最营养的干果呢？这就需要大家掌握选购、食用的不同方法。

风干的水果

PART 4　海鲜干货——鲜味、营养二合一，选对健康很重要

海鲜干货是营养、美味的食物，同时也是容易受到污染的食物。因此，我们需要格外注意海鲜干货的安全问题。为了吃得健康，大家需要从选购、清洗、贮存、烹饪等多个方面入手，了解海鲜干货的每个细节。

风味海生物

常见的海菜

PART 5　调味品干货——虽然是配料，但保健功效显著

　　有些人认为，调味品就是用来增加食物的风味，让食物看起来好看或尝起来好吃。其实，调味品的作用远不止这些，它还对人们的健康起着潜移默化的影响。如果调味品质量差、在存储过程中变质或食用方法不当，都会给人们的健康埋下隐患。因此，掌控调味品的安全十分重要。

常见的香辛料

常见的粉状调味品

Part 1

五谷杂粮

——不仅要吃得放心，还要吃得营养

在饮食界中，五谷杂粮就像一位"大家长"，发挥着举足轻重的作用。它除了为人们提供主食外，还能加工成其他食品，丰富人们的饮食生活。因此，只有保证五谷杂粮的安全，才能保证人们饮食的健康。

传统的主食

大米
健康好米要精挑细选

学名	大米
别名	稻米、粳米
品相特征	白白净净，呈椭圆形
口感	有淡淡的香甜

大米是由人们熟悉的稻谷加工而成的，它不仅是许多国家人民喜爱的主食之一，还为解决全球饥饿问题做出了杰出的贡献。正因为大米是人们日常生活中重要的粮食之一，因此在购买的时候，大家要精挑细选，筛选安全、健康的大米。

好大米？坏大米？这样来分辨

❌ 颜色发黄——可能是陈米，有些营养成分遭到了破坏。

❌ 有横裂纹——俗称"爆腰米"，食用时外熟内生，营养价值低。

❌ 米粒腹部有小白斑——不够成熟，蛋白质的含量非常低。

❌ 有米糠味甚至霉味——是陈米，属于次品。

❌ 形状残缺且覆盖着一层灰粉——是陈米，口感和营养价值都很低。

OK挑选法

气味清香

整体看来，表面光亮，整齐均匀

米粒呈乳白色，透明度好

手感光滑、坚实，摸后手上不沾粉

一次吃不完，这样来保存

保存大米的时候，如果方法不当，很容易出现大米发霉、生虫等现象，尤其是在夏天，大家更需要注意这些问题。在日常生活中，有些人只是将大米装在袋子里，不封袋口，这种方法并不可取。

恰当的保存方法是把存放大米的袋子放在沸腾的花椒水中浸泡片刻，等袋子染上花椒的香气后取出来晾干，然后将大米装进去，把袋口绑好，这样一来，大米就不容易生虫了。另外，我们还可以把大米装入干燥的食品塑料袋内，将袋内的空气尽量排空，然后扎紧袋口，放在干燥、阴凉的地方保存。

这样吃，安全又健康

在用大米做饭之前，我们需要先淘洗大米，将附着在大米表面的细菌和夹杂在米中的杂质清洗掉，以保证大米干净又营养。有些人习惯在淘米的时候进行长时间的浸泡，然后再用力搓洗，以为这样才能将杂质去除干净。其实，长时间的浸泡会导致大米中含有的无机盐大量流失，用力搓则容易让大米表层的维生素遭到破坏。

一般来说，现在的袋装大米表面附着的杂质比较少，所以在淘洗大米的时候，只需要快速地淘两遍就可以了。

大米中含有丰富的碳水化合物、维生素等营养物质，有健脾养胃、防治便秘、脚气病及口腔炎的功效。此外，它还是一些爱美人士减肥的首选主食。需要注意的是，患有糖尿病的朋友要控制对精大米的摄入量，以免引起血糖升高。

tips

大米的搭配小·贴士：

◎ 大米＋桂圆——前者可以健脾养胃，后者能够补血安神，两者一起食用，可以起到滋补元气的作用。

大米的营养成分表
（每100克含量）

热量及四大营养元素

热量（千卡）	346
脂肪（克）	0.8
蛋白质（克）	7.4
碳水化合物（克）	77.9
膳食纤维（克）	0.7

矿物质元素（无机盐）

钙（毫克）	13
锌（毫克）	1.7
铁（毫克）	2.3
钠（毫克）	3.8
磷（毫克）	110
钾（毫克）	103
硒（微克）	2.23
镁（毫克）	34
铜（毫克）	0.3
锰（毫克）	1.29

维生素以及其他营养元素

维生素 A（微克） ········· -
维生素 B₁（毫克） ········· 0.11
维生素 B₂（毫克） ········· 0.05
维生素 C（毫克） ········· -

维生素 E（毫克） ········· 0.46
烟酸（毫克） ········· 1.9
胆固醇（毫克） ········· -
胡萝卜素（微克） ········· -

注：1. 表格中空白处，均以"-"代替。
2. 维生素 B₁＝硫氨素，维生素 B₂＝核黄素，烟酸＝维生素 B₃。

美味你来尝
——海带饭

Ready

大米 500 克
水发海带 100 克

盐
（配料均可依个人口味适量加入）

在烹饪大米的时候，大家可以采用"煮"、"蒸"等方式，但是要避免"捞"。简单来说，"捞"就是先煮后蒸。这种方式容易导致维生素大量流失，会降低大米的营养价值。

STEP 01 将大米淘洗干净，把泡好、冲洗干净的海带切成小块。

STEP 02 在锅中注入清水，将切好的海带放入锅中，用大火烧开。

STEP 03 锅开大约 5 分钟后，放入大米和盐，继续煮至沸腾。

STEP 04 锅开以后，一边搅拌大米一边煮。当米粒胀发、水快要干的时候，调成小火焖 10 至 15 分钟就可以了。

★这道美食尤其适合高血脂、动脉硬化患者食用。

小米
和胃养血，滋补功效显著

学名	小米
别名	粟米、黄粟、谷子
品相特征	椭圆形或近圆球形，黄色、褐色或白色
口感	味道甜香，口感软糯

　　小米是谷子去皮后而得到的粮食作物，被列为我国"五谷"之一，在古代小米的多少还是富贵与否的象征呢！小米作为粮食作物不但能制作美味佳肴，而且还是酿酒的上好原料。

　　市场上大部分小米的质量都是比较好的，不过还是有一些不法商贩为了谋取高额利润会将一些已经发霉变质的小米通过漂洗染色后充当质量上乘的小米出售，所以大家在选购小米时，一定要注意这些方面，以免购买到变质米食用后影响身体健康。

好小米？坏小米？这样来分辨

❌ 米粒较小，碎米很多——质量较次，营养功效不好。

❌ 整体为暗黄色，米的颜色一致——可能是染色的米，吃后或许会影响身体。

❌ 表面米中有虫子——生虫或变质的米，不能购买和食用。

❌ 有霉味或酸臭味甚至腐败的味道——陈米或者变质的米，属于次品。

❌ 尝起来味道苦涩或没有味道——劣质的小米，营养价值不高。

OK挑选法

米粒大小均匀，
色泽光亮、均匀

气味清香

放入温水中，
质量上乘的小
米不会褪色，
水较清澈

颜色为乳白色、
淡黄色或金黄色

尝起来味道甘甜

用手搓捻时不会碎
掉，米中碎米较少

一次吃不完，这样来保存

　　小米的个头儿小，米粒之间的空隙小，不利于气体交换，因此一旦温度太高，空气湿度变大，小米就容易变质、长虫。因此在保存小米之前，首先要把它们放到阴凉、通风、干燥的地方晾晒一段时间，并去除米糠等杂质。如果在保存过程中发现发霉的迹象，要及时晾晒，以免霉变扩大。

　　恰当的保存方法是：把晾晒好的小米装入袋子内，放进冰箱冷冻室冷冻4~5个小时。在冷冻期间把一个食用油的油桶刷洗干净，并保证油桶内部彻底晾干，然后把冻好的小米装入油桶中盖上盖子就可以了。冷冻时其实已经将小米中的虫卵冻死，盖上盖子也能很好地预防虫子进入瓶内。另外，我们还可以在装有小米的袋子内放入几块干海带，这是因为海带能很好地吸收小米中的潮气，防止其受潮发霉。此外，为了防止小米生蛾类的幼虫，可以在小米中放入一个用纱布包裹的花椒包。

这样吃，安全又健康

　　为了健康和饮食安全，我们在用小米做饭之前，一定要进行清洗。

很多人在清洗小米时，只是用清水简单地淘洗一下，其实这样做是不正确的，因为小米属于低矮的植物，其果实容易受到化肥、农药等化学药品的污染，还会受到有害细菌的侵扰，所以在食用之前一定要认真清洗。

清洗时，我们可以用清水多淘洗几次，然后把淘洗干净的小米放到淡盐水中浸泡片刻，再用清水冲洗干净后就可以制作美食了。需要注意的是，在清洗时，不要用力搓洗，以免破坏小米表面的营养物质，也不要用沸水或者温水淘洗，以免营养物质流失。

一般来说，现在的袋装小米表面附着的杂质比较少，所以在淘洗的时候，只需要快速地淘几遍就可以了。

小米粥被誉为"代参汤"，足见它的营养很丰富。小米中富含 B 族维生素，在预防口腔生疮、防止消化不良方面功效显著。小米还具有和胃养血、防止呕吐的作用，因此是产妇生产之后常用的调养美食。想要美容的朋友也不妨多吃一些小米，它具有减缓脸部皱纹、减少色斑和色素的作用。值得注意的是，熬煮小米粥时，放的小米不宜过少，不然熬出来的小米粥太稀薄，口感和营养都会大打折扣。另外，小米属性寒凉，所以不适合身体虚寒的人食用。

tips

小·米·的·搭·配·小·贴·士·

- 小米＋大豆——小米中的赖氨酸含量比较少，而大豆中的含量则比较多，两者一起煮食能让营养更加全面。

小米的营养成分表
（每 100 克含量）

热量及四大营养元素

热量（千卡）	358
脂肪（克）	3.1
蛋白质（克）	9
碳水化合物（克）	75.1
膳食纤维（克）	1.6

矿物质元素（无机盐）

钙（毫克）	41
锌（毫克）	1.87
铁（毫克）	5.1
钠（毫克）	4.3
磷（毫克）	229
钾（毫克）	284
硒（微克）	4.74
镁（毫克）	107
铜（毫克）	0.54
锰（毫克）	0.89

维生素以及其他营养元素

维生素 A（微克）………17		维生素 E（毫克）………3·63	
维生素 B₁（毫克）………0·33		烟酸（毫克）………1·5	
维生素 B₂（毫克）………0·1		胆固醇（毫克）………-	
维生素 C（毫克）………-		胡萝卜素（微克）………100	

美味你来尝
——红糖小米粥

Ready

小米 100 克
红枣 6 颗
红糖 10 克

 STEP 01 将小米淘洗干净备用，把红枣清洗干净去核后切成小块备用。

 STEP 02 在锅中放入适量清水，等水沸之后把小米放入锅内。

 STEP 03 等水沸后调至小火熬煮 20 分钟左右。等小米煮熟后，把切好的红枣放入锅内熬煮。

 STEP 04 当红枣变软后，把准备好的红糖放入锅内搅拌均匀，再煮 5 分钟后关火就可以食用了。

为了全面保留小米中的营养元素，一定不要长时间浸泡小米。

★红糖具有补血的功效，小米可以补血益气，所以这道粥很适合产后的孕妇食用。

面粉
不同的种类，不同的挑法

学名	面粉
别名	小麦粉
品相特征	白色、粉末状
口感	味道稍微有些甜

面粉是由小麦加工而成的。现在，按照蛋白质的含量，面粉可以分为高筋粉、中筋粉、低筋粉，而按照性能和用途又可以分为面包粉、包子粉、饺子粉等，而且生产面粉的厂家也不在少数。想要挑选出质量上乘、食用安全的面粉并非易事。这首先需要我们对面粉有一个全面的了解。

好面粉？坏面粉？这样来分辨

NG挑选法

❌ 颜色过白或呈灰色、青灰色或者暗黄色——可能添加了增白剂或者面粉本身已经发霉变质。

❌ 用手摸时面粉粗糙，其中加有杂质或石块——质量差，口感营养都非常差。

❌ 用力攥手中的面粉时其成团状长时间不能散开——面粉中含水较多，口感比较差。

❌ 尝起来有酸味、油味或者霉臭味——低质或劣质的面粉。

❌ 咀嚼时苦涩，伴有沙声——劣质面粉，口感和营养价值都很低。

OK 挑选法

用手摸时，手心会有微微凉爽的感觉

麦香的气味，没有异味

白色或微黄色，光泽均匀

面粉为细末状，没有任何杂质

目前，市场上的面粉大部分是以袋装的形式贩售，因此大家在购买时，不仅要从上面提到的几个方面入手，还要查看面粉的生产厂家是否正规，包装是否完整，产品有没有在保质期之内，产品的等级、质量等如何，尽量避免选择添加了增白剂的面粉。另外，根据用途，面粉被分为了不同的类型，大家可以根据需要选择相应的类型。

一次吃不完，这样来保存

面粉很难保存，最容易生虫子或发霉了，尤其是在炎热的夏季。那么用什么样的方法才能保存面粉而不让它发霉或生虫呢？大家可以试一试下面这几种方法。

想要延长面粉的保存时间，大家就一定要选择恰当的地方。一般来说，阴凉、通风、避光、干燥的地方比较合适。存放面粉时，大家要把面粉袋系好并把它放到小板凳等物体上，来防止它受潮。需要注意的是一定不要把面粉袋直接放到地上。

大家还可以把面粉装入密封袋内，放到干燥、通风、阴凉处或者冰箱里冷冻保存。密封袋隔绝了外界的氧气，从根本上阻断了虫子生长的条件，面粉自然也不会生虫或受潮了。

需要提醒大家的是，在购买面粉时，一次性不要买太多，以免保存不当而变质。另外，民间有句俗语："麦吃陈，米吃新"，所以存放了适当时间的面粉比刚磨出的面粉口感更好。

这样吃，安全又健康

　　面粉是制作各种面食的主要原料，在食用的时候，我们需要根据要制作的食品合理添加水等其他配料，这样才能制作出美味的食品。

　　作为人们日常的食粮之一，面粉的营养成分自然比较丰富。它属性甘凉，在养心、益肾、和血、健脾、消除烦躁、止渴方面的功效非常显著。面粉中含有不饱和脂肪酸，在降低血液黏稠度，改善血液循环方面有非常好的功效。需要注意的是，精制的面粉中膳食纤维的含量非常低，长期大量食用这种面粉会严重影响肠胃功能，所以肠胃功能欠佳和患有糖尿病的朋友最好不要食用这类面粉。

面粉的搭配·小·贴士：

- 面粉 + 含有精氨酸、赖氨酸等食材——面粉中缺少精氨酸、赖氨酸、蛋氨酸等物质，同含有这些物质的食材搭配食用人体获得的营养会更加全面。

面粉的营养成分表（每100克含量）

热量及四大营养元素

营养元素	含量
热量（千卡）	344
脂肪（克）	1.5
蛋白质（克）	11.2
碳水化合物（克）	73.6
膳食纤维（克）	2.1

矿物质元素（无机盐）

钙（毫克）	31
铁（毫克）	3.5
磷（毫克）	188
硒（微克）	5.36
铜（毫克）	0.42
锌（毫克）	1.64
钠（毫克）	3.1
钾（毫克）	190
镁（毫克）	50
锰（毫克）	1.56

维生素 A（微克）·········-
维生素 E（毫克）·········1.8
维生素 B₁（毫克）·········0.28
烟酸（毫克）·········2
维生素 B₂（毫克）·········0.08
胆固醇（毫克）·········
维生素 C（毫克）·········-
胡萝卜素（微克）·········-

美味你来尝
——手工面条

Ready

面粉 500 克
鸡蛋 1 个

盐
玉米面

 STEP 01 把面粉放入容器内，加入适量食盐搅拌均匀。

 STEP 02 将鸡蛋打入盛有清水的容器内，用筷子搅拌均匀。

 STEP 03 用混合了鸡蛋的水把面粉和成面团。之后盖上一块干净的布，饧 30 分钟左右。

 STEP 04 把面团放到案板上，用擀面杖将面团擀成厚薄适宜的面片。在擀时要不断在面团上撒一些玉米粉，防止面团粘在案板上或者与擀面杖粘在一起。

饧面的主要目的是让面条更加劲道。

 STEP 05 擀好之后，撒上适量玉米粉后按照正反面对折的方法折叠好，用菜刀切成喜欢的宽度就可以下锅了。

★面条只是面粉制作的众多食品中的一种，它在补气虚、厚肠胃、强气力方面的功效比较显著。

学名	玉米面
别名	棒子面
品相特征	黄色或白色粉末
口感	口感甘甜，有玉米清香

　　玉米面由玉米磨成粉末而成，因为玉米有"黄金作物"的美誉，所以玉米面中的营养自然很丰富。玉米面是粗粮的一种，很多人都喜欢食用。

　　市面上的玉米面在品质上区别很小，其差别主要在粗细上。大家可以根据自己的口感选择喜欢的玉米面。

好玉米面？坏玉米面？这样来分辨

❌ 颜色暗黄——可能是陈玉米面，有些营养成分已经遭到了破坏。

❌ 颜色异常鲜艳——可能是染过色的玉米面，食用后会影响身体健康。

❌ 香味过于浓郁——可能添加了香精，不适宜购买。

❌ 在手心揉搓后让玉米面自然落下，手心有细细的颗粒留下——掺了颜料，不能购买。

OK 挑选法

颜色自然，整体光泽均匀

自然的清香味道，
没有霉味

包装完整，厂家正
规，在保质期之内

一次吃不完，这样来保存

　　保存玉米面时，如果方法不正确，很容易导致玉米面受潮、发霉或者生虫等，特别是在炎热的夏季。不少朋友在保存玉米面时，习惯把它装入袋子里放到一个地方就不管不问了。这种做法是不正确的。要保存好玉米面需要注意方法。玉米面最适合储存在通风、阴凉、干燥、低温的环境里。如果放到高温潮湿的环境中很容易让它变苦。

　　除了要注意存放的地方之外，大家还可以用密封袋把玉米面装起来，把袋口密封好放到冰箱冷冻室保存。这样既确保了低温环境，也能阻断空气进入袋内。

这样吃，安全又健康

玉米面可以做成多种美食，我们可以根据自己的喜好，添加水等辅料，把它做成美味的食物。

玉米面中含有丰富的矿物质元素和维生素，在降低胆固醇含量，预防高血压、冠心病等方面有非常好的功效。玉米面中也含有大量的赖氨酸，在抑制肿瘤方面有很重要的作用。此外，玉米面里面还含有膳食纤维，这些物质在促进肠蠕动、减少肠内食物停留时间方面的作用非常显著，能够减少结肠癌的发生率，也比较适合减肥的朋友食用。此外，爱美的人士也可以多吃玉米面，因为它具有美容养颜、延缓衰老的作用。

玉米面的营养成分表（每100克含量）

热量及四大营养元素

热量（千卡）	341
脂肪（克）	3.3
蛋白质（克）	8.1
碳水化合物（克）	75.2
膳食纤维（克）	5.6

矿物质元素（无机盐）

钙（毫克）	22
锌（毫克）	1.42
铁（毫克）	3.2
钠（毫克）	2.3
磷（毫克）	196
钾（毫克）	249
硒（微克）	2.49
镁（毫克）	84
铜（毫克）	0.35
锰（毫克）	0.47

维生素 A（微克）………7

维生素 B₁（毫克）………0.26

维生素 B₂（毫克）………0.09

维生素 C（毫克）………—

维生素 E（毫克）………3.8

烟酸（毫克）………2.3

胆固醇（毫克）………—

胡萝卜素（微克）………40

美味你来尝

——玉米面豆粥

Ready

玉米面 50 克
黄豆 20 克

咸菜末

 STEP 01 把黄豆清洗干净，放到清水中泡软。

 STEP 02 把泡软的黄豆放入锅内煮熟，直到煮烂捞出来备用。

 STEP 03 锅内注入适量清水，水沸后把煮烂的黄豆放入水中再次煮开。

 STEP 04 用温水把玉米面搅成糊状，倒入已经加了黄豆的煮沸的锅内，一边向锅内倒入玉米面糊一边用勺子不停搅拌。

> 这样做能很好地预防玉米面糊进入锅内变成疙瘩，影响口感。

 STEP 05 等锅开后调成小火再熬煮 5 分钟左右就可以了。盛入碗中后用咸菜末点缀便可食用。

★这道美食具有强身健体的作用，很适合孩子食用。

玉米碴

挑选、清洗要仔细

学名	玉米碴
别名	玉米糁、棒子糁
品相特征	黄色、细小颗粒
口感	清香甘甜

玉米碴是由人们熟知的玉米加工而成的，它要比玉米面的颗粒粗大一些。我们知道玉米含有丰富的营养物质，所以玉米碴也不例外。玉米碴是粗粮的一种，很受现代追求绿色养生的人们欢迎。喜爱玉米碴的朋友在选购时，一定要看好它的质量。

好玉米碴？坏玉米碴？这样来分辨

NG 挑选法

✘ 颜色全部为黄色——可能是染色的玉米碴，不能购买。

✘ 大小不均匀——质量较次的玉米碴。

✘ 内部掺有小石块或杂质——是次品，最好不要购买。

✘ 有霉味——存放时间较长，属于次品。

OK挑选法

声音听起来干爽，说明质量比较好

颗粒大小均匀，没有任何杂质

散发着玉米的清香

整体看表面光泽均匀，颜色黄白相间

一次吃不完，这样来保存

　　在炎热的夏季，玉米受潮后容易发霉生虫，更不要说将玉米颗粒碾碎之后变成的玉米碴了。很多时候，大家会把买回来的玉米碴放到食品袋内置之不理，而这种做法很容易使它生虫。想要避免它在包装袋内生虫子，最好的办法就是尽量把袋内的空气挤出来，扎紧口袋，然后放到干燥、阴凉、通风、低温的环境中保存，这样能起到很好的预防生虫的效果。

　　另外，大家也可以把密封好的玉米碴放到冰箱冷冻室保存，这样保存的时间会更长一些。

这样吃，安全又健康

　　在食用玉米碴之前，我们需要将玉米碴淘洗一番，把附着在玉米碴上的细菌和杂质清洗干净，从而保证玉米碴干净又健康。

　　很多人在清洗时认为浸泡玉米碴的时间越长、揉搓的力度越大，清洗得越干净，其实并非如此，因为这种做法反而容易导致玉米碴中的一些不是非常稳定的营养元素流失掉。

现在市面上出售的玉米碴的质量越来越好，里面的杂质也不是非常多，所以在清洗时只要用清水反复淘洗几次就可以了。

玉米碴中含有大量纤维素，具有刺激肠胃蠕动，加速粪便排泄的速度，能有效预防便秘，比较适合患有习惯性便秘的朋友食用。它富含的维生素 E 在延缓衰老，预防动脉硬化方面的作用很大。此外，它含有的镁、硒、钙等元素和谷氨酸等物质，具有增强记忆力和健脑的功效。需要注意的是，患有尿失禁和腹胀的朋友在食用玉米碴时要谨慎。

tips 玉米碴的搭配小贴士

- 玉米碴 + 草莓——前者含有的蛋白质搭配上后者所含有的维生素，能有效预防雀斑。
- 玉米碴 + 松子——两者中的有益成分相互搭配，能起到辅助治疗干咳、皮肤缺水等病症的作用。
- 玉米碴 + 洋葱——两者是完美的搭配，对降低血脂血压、延缓衰老都有不错的功效。

玉米碴的营养成分表（每100克含量）

热量及四大营养元素

热量（千卡）	347
脂肪（克）	3
蛋白质（克）	7.9
碳水化合物（克）	75.6
膳食纤维（克）	3.6

矿物质元素（无机盐）

钙（毫克）	49
锌（毫克）	1.16
铁（毫克）	2.4
钠（毫克）	1.7
磷（毫克）	143
钾（毫克）	177
硒（微克）	4.9
镁（毫克）	151
铜（毫克）	0.16
锰（毫克）	0.22

维生素A（微克）………-	维生素E（毫克）………0.57
维生素B₁（毫克）………0.1	烟酸（毫克）………1.2
维生素B₂（毫克）………0.08	胆固醇（毫克）………-
维生素C（毫克）………-	胡萝卜素（微克）………-

美味你来尝
—— 玉米碴粥

Ready

玉米碴 150 克

水

在熬煮玉米碴粥的过程中，要不断地搅拌，因为玉米碴很容易粘在锅底。

 STEP 01 向锅内放入适量清水，把火打开后将水煮沸。

 STEP 02 把玉米碴淘洗干净备用。

 STEP 03 等锅内的水煮沸后，将玉米碴放入锅内，用大火煮沸后调成小火熬煮半个小时关火。

 STEP 04 关火后盖上盖子焖10分钟左右，味道会更佳。

★这道粥味道甘甜，没有其他的辅助材料，让玉米降血脂、防便秘、延缓衰老的作用充分发挥了出来

薏米

防癌、抗癌功能显著

学名	薏米
别名	药王米、薏仁、薏苡仁、六谷米、苡米、苡仁
品相特征	宽卵形或椭圆形，背部椭圆形，腹部中间有沟
口感	口感淡，有甘甜的味道

　　薏米是禾本科植物薏米成熟后的果实经过加工而成的。它的营养价值极高，因此又被人们赞誉为"世界禾本科植物之王"，深受人们的喜爱。

　　市场上，既有散装的薏米，也有袋装的薏米，大家在选购时尽量不要一次购买太多，因为薏米的香气会在打开包装后很快散去，口感也会随着时间的流逝变差。

好薏米？坏薏米？这样来分辨

NG 挑选法

⊗ 颜色发黄或暗灰色——可能是陈旧的薏米，某些营养成分遭到了破坏。

⊗ 果实干瘪或较小，缺少光泽——质量较次，口感比较差。

⊗ 有异味甚至霉味——可能是变质或长时间存放的薏米，属于次品。

⊗ 咬一口感觉不清脆，不是很硬——含有的水分比较多，难以保存。

OK挑选法

用手摸感觉光滑、有粉末感

薏米为白色或黄白色，肚脐部分呈淡棕色

气味清香，口感甘甜、脆硬

整体看表面光泽均匀、颗粒饱满、个头大

一次吃不完，这样来保存

保存薏米时，一旦方法不正确，很容易导致薏米生虫发霉，甚至变质，特别是潮湿闷热的夏天。如果想要使薏米保存的时间较长，那一定要选择干燥、通风、低温、避光的环境。除了在上述环境条件中保存外，最好把薏米装入密封袋内，将空气挤出，这样保存的时间会更长一些。

另外，市场上很多是密封包装的薏米，打开后保存时一定要用夹子将袋口密封好，放入冰箱冷藏室保存。需要注意的是，一旦开袋，放置的时间不能超过半年，以免影响口感。

这样吃，安全又健康

在用薏米做美味佳肴之前，清洗是必要的，这样能很好地清洗掉它表面附着的有害物质，从而确保我们食用的薏米干净安全。

薏米的清洗方法和大米的清洗方法是不同的。大米不能浸泡，而薏米却能长时间浸泡。在清洗时，我们可以先用清水将薏米淘洗几遍，然后再把它放入淡盐水中浸泡 10 分钟左右，捞出后再用清水浸泡就可以了。之所以要长时间浸泡，一方面是为了清洗干净，另一方面也是更重要的是为了减少熬煮的时间，因为薏米本身较为坚硬，不容易煮熟、煮烂。

　　薏米属性微寒，在利水消肿、排毒、清热等方面有很好的作用。它含有的硒元素在抑制肿瘤方面功效不错，因此它在日本甚至被称为"抗癌食品"。薏米中富含的矿物质元素和维生素，在促进身体新陈代谢和减轻肠胃负担方面作用显著。另外，薏米还具有护发、美容养颜的作用。需要注意的是，食用薏米后会让身体发冷、发虚，所以孕妇和处于经期的女性不能食用。

薏米的搭配·小·贴士：

- 薏米＋百合＋蜂蜜——这三者一起食用可以起到清热润燥的作用，适合面带痤疮、雀斑和皮肤干燥的人食用。

薏米的营养成分表
（每 100 克含量）

热量及四大营养元素

热量（千卡）	357
脂肪（克）	3.3
蛋白质（克）	12.8
碳水化合物（克）	71.1
膳食纤维（克）	2

矿物质元素（无机盐）

钙（毫克）	42
锌（毫克）	1.68
铁（毫克）	3.6
钠（毫克）	3.6
磷（毫克）	217
钾（毫克）	238
硒（微克）	3.07
镁（毫克）	88
铜（毫克）	0.29
锰（毫克）	1.37

维生素 A（微克）	—	维生素 E（毫克）	2.08
维生素 B_1（毫克）	0.22	烟酸（毫克）	2
维生素 B_2（毫克）	0.15	胆固醇（毫克）	
维生素 C（毫克）	—	胡萝卜素（微克）	—

美味你来尝
——薏米芡实山药粥

Ready

薏米 50 克
芡实 30 克
山药 150 克

胡萝卜

STEP 01 把薏米和芡实用水清洗干净后晾干，放入搅拌机中搅拌成粗粉，之后把粗粉放入水中浸泡一段时间。

STEP 02 将山药清洗干净，去皮后切成大小合适的丁备用，把胡萝卜去皮后切成丁备用。

STEP 03 向锅内注入清水，水沸后把薏米芡实粉糊倒入锅内煮开，然后加入胡萝卜和山药丁煮 10 分钟左右，等两者变软后关火即可食用。

喜欢吃甜食的朋友，在喝粥之前可以放上几块冰糖调味。

★这道美食在健脾胃、助消化、补肾、益肺、降血糖方面都能发挥不错的功效。

紫米
教你巧辨染色的假货

学名	紫米
别名	紫糯米、接骨糯、紫珍珠
品相特征	紫色，米粒细长
口感	口感香甜，比较糯

紫米是水稻中的一个品种，因其外壳为紫色，米粒细长而得此名。紫米的营养价值高，又有良好的滋补功效，所以人们冠以它"补血米"、"长寿米"的美名。不过一些不法商贩为了谋取高额利润，常常用染色的紫米充当好紫米欺骗消费者。因此为了自身健康着想，大家在挑选和食用时一定要小心。

好紫米？坏紫米？这样来分辨

NG 挑选法

❌ 光泽暗淡，混有杂质——可能是陈旧的紫米，有些营养成分遭到了破坏。

❌ 颗粒大小不均匀，甚至有碎米——质量次，某些营养成分遭到了破坏。

❌ 没有香味甚至有霉味——可能已经变质。

❌ 放在白纸上的紫米滴上白醋后白纸上没有颜色——说明这是染色的紫米，不能购买。

OK 挑选法

气味清香

用手抓取紫米时，手上会留下紫黑色

整体颗粒饱满均匀，个头细长、大，有光泽

米粒多为紫色或紫白色中带有紫色斑点

一次吃不完，这样来保存

　　在保存紫米时，大家可以按照保存大米的方法来做，把紫米装在用花椒水浸泡过的袋子里保存，或者把紫米放到密封袋内，把袋内的空气排净后，扎紧袋口放到阴凉、通风处保存。

　　在保存紫米时，大家还可以往密封的容器内放入几瓣大蒜，这样也能有效地预防生虫，延长存放的时间。

这样吃，安全又健康

　　在用紫米做美味佳肴之前，我们要认真淘洗，但很多人在洗紫米时喜欢搓洗，认为只有把表面的紫色洗掉才算真正洗干净了。其实不然，它外表的紫色是一种营养元素，所以大家在清洗紫米时切忌搓洗。

既然不能搓洗，那应该如何清洗呢？其实现在的紫米中掺杂的杂质已经很少了，所以只要用清水淘洗两遍就可以了。

紫米中富含的膳食纤维，不但能提升肠道的功能，帮助消化，还具有降低血液中胆固醇含量的作用，在预防冠状动脉硬化引起的心脏病方面功效也不错。另外，紫米还具有滋阴补血、养胃健脾、滋补益气的作用呢。需要大家注意的是，紫米和黑米是两种不同的米，两者在功效方面也有很大差别，购买食用时一定要注意。

此外，肠胃功能欠佳的人不可以食用没有煮熟的紫米。

紫米食用巧方法：

紫米煮起来会花费很长时间，所以在煮之前一定要用水浸泡一段时间，在煮的时候连同紫色的水一起放入锅内，这样不但能缩短熬煮的时间，还能让营养得到保留。

紫米的营养成分表
（每100克含量）

热量及四大营养元素

热量（千卡）	343
脂肪（克）	1.7
蛋白质（克）	8.3
碳水化合物（克）	75.1
膳食纤维（克）	1.4

矿物质元素（无机盐）

钙（毫克）	13
锌（毫克）	2.16
铁（毫克）	3.9
钠（毫克）	4
磷（毫克）	183
钾（毫克）	219
硒（微克）	2.88
镁（毫克）	16
铜（毫克）	0.29
锰（毫克）	2.37

维生素 A（微克）………-

维生素 B₁（毫克）………0·31

维生素 B₂（毫克）………0·12

维生素 C（毫克）………-

维生素 E（毫克）………1·36

烟酸（毫克）………4·2

胆固醇（毫克）………-

胡萝卜素（微克）………-

美味你来尝
——紫米红枣粥

Ready

紫米 100 克
糯米 100 克
鲜枣 6 颗

冰糖

STEP 01 把紫米和糯米淘洗干净后，放到清水中浸泡 1 晚。

STEP 02 把鲜枣清洗干净，去核后切成小块备用。

STEP 03 向锅内放入清水，水开后把浸泡好的紫米和糯米带水倒入锅内，大火煮沸后调成小火熬煮 20 分钟左右。

糯米和紫米可以放到一起浸泡，也可以分开浸泡。

STEP 04 把切好的枣放入锅内，再熬煮 5 分钟左右关火。放入冰糖搅拌均匀，粥凉后就可以吃了。

★这道美食在补血方面的作用比较明显。

糯米

口感香甜，营养滋补

学名	糯米
别名	江米
品相特征	细长或短圆，白色

糯米是由糯稻脱壳后而得到的，因其黏性好，所以常被用来制作黏性小吃。它也是人们常常食用的粮食之一。

好糯米？坏糯米？这样来分辨

OK 挑选法

看形状.形状有细长或圆形之分.细长的不要选发黑或缺损的，圆形的则要看其是否饱满

看颜色.乳白色，不透明最佳.一旦发现有透明的米或发黄有黑点的米则不要购买

看外观.米粒上有横纹的是爆腰的米，属于陈米，口感不好且营养不佳

在存储时，我们可以把干燥、干净的糯米装入一个干净、密封的容器内，同时往容器内放入几瓣去皮的大蒜或者完整的八角，这样不但能防止糯米受潮发霉，还能防止生虫。需要注意的是，装糯米的容器最好放到阴凉、通风、低温、避光的环境中。

这样吃，安全又健康

清洗：清洗糯米时方法非常简单，但不能用力搓洗。我们只需要把糯米用清水淘洗两遍就可以了。

食用禁忌：众所周知，糯米的黏性很好，不容易消化，所以它不适合肠胃功能欠佳、脾胃比较虚的人以及腹胀的人食用，更不适合老人、儿童和患病的人食用。另外，患有糖尿病的朋友、发热咳嗽和湿热体质的人也最好不要食用。需要注意的是，糯米和鸡肉不能一起吃，因为两者会引起身体不适。

tips
糯米的功效：

补血益气，健脾养胃，缓解胃寒、尿频、腹胀和腹泻等。

健康吃法：想使糯米的营养充分发挥出来，那一定要选对吃法。想要达到养胃滋补的功效，则可以把它煮成稀粥食用。糯米用来酿酒也是不错的食用方法，比如和刺梨搭配酿出的酒在预防心血管疾病和抗癌方面有一定的作用。另外，糯米和鲜枣一起煮食能达到温和驱寒的作用，把乌鸡和糯米放到一起则具有滋阴补肾的作用。如果和赤小豆一起食用，还能达到改善水肿和脾虚腹泻的效果呢。

糯米的营养成分表
（每100克含量）

热量及四大营养元素

热量（千卡）	348
脂肪（克）	1
蛋白质（克）	7.3
碳水化合物（克）	78.3
膳食纤维（克）	0.8

矿物质元素（无机盐）

钙（毫克）	26	钾（毫克）	137
锌（毫克）	1.54	硒（微克）	2.71
铁（毫克）	1.4	镁（毫克）	49
钠（毫克）	1.5	铜（毫克）	1.35
磷（毫克）	113	锰（毫克）	2.26

维生素及其他营养元素

维生素A（微克）	-	维生素E（毫克）	1.29
维生素B₁（毫克）	0.11	烟酸（毫克）	2.3
维生素B₂（毫克）	0.04	胆固醇（毫克）	-
维生素C（毫克）	-	胡萝卜素（微克）	220

美味你来尝

——豌豆糯米饭

Ready

糯米 1000 克
豌豆 400 克
腊肉 250 克

 STEP 01 把腊肉切成丁，放入锅内炒出油备用。

 STEP 02 将豌豆清洗干净，把糯米淘洗干净，放入清水中浸泡 1 个小时。

 STEP 03 取出电饭煲，把炒好的腊肉和油一起放入锅内，并把豌豆放进去。往锅内倒入适量清水，将电饭煲打开把水烧开。

喜欢吃豌豆的朋友可以适当多放一些豌豆。

 STEP 04 向锅内放入浸泡的糯米，盖上盖子调制煮饭状态，当它自动跳至保温状态后，再焖 20 分钟左右。

★这道美味既有肉的香味，又有糯米的清香，能够起到补中益气的效果。

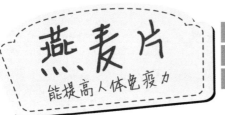

燕麦片
能提高人体免疫力

学名	燕麦片
别名	莜麦、油麦、玉麦
品相特征	片状，直径有黄豆大小

燕麦片是用产自高寒山区的裸燕麦加工而成的，它是一种高营养、高能量的绿色食品。

好燕麦片？坏燕麦片？这样来分辨

OK挑选法

看原料. 选择纯燕麦压制而成的，不要选择五谷混合压制而成的麦片，因为这类麦片中燕麦的含量极少，有些甚至不含燕麦

看外形. 纯燕麦片整体为片状，形状完整，干净没有任何杂质，包装也较为简单

看成分. 选择不添加任何甜味剂、奶精、植脂末并且蛋白质含量在8%以上的燕麦片，这是因为纯燕麦片味道清淡，口感较为黏稠，蛋白质含量丰富

看使用方法. 不要选择速冲的燕麦片，而是要选择烹煮类的，因为这类燕麦片营养价值较高

如果买回来的燕麦片包装完整、密封，那就可以把它放到通风、干燥的地方保存。一旦打开了包装袋，就一定要用夹子把袋口夹住，再放到通风、干燥、低温的地方保存。如果买到的是散装的燕麦片，大家可以按照存储大米的方法来保存它，并在存储容器内放上几瓣大蒜，之后密封好就可以了。值得注意的是，一定要注意包装上的保质期，一旦超过保质期就不要再食用了。

这样吃，安全又健康

清洗：燕麦片上的杂质比较少，所以清洗时只要用清水反复冲洗几遍就可以了，更不要用力揉搓，以免造成营养流失。

食用禁忌：燕麦中含有大量膳食纤维，因此不适宜患有胃溃疡、十二指溃疡和肝硬化的朋友食用。如果是和大米等米类一起煮食，那以每天食用这类粥品 50 克为宜。

健康吃法：燕麦片作为一种高能量、高营养的绿色保健食品，无论是单独煮熟食用，还是同大米或其他米类混合后煮熟食用，其营养价值都非常高。燕麦片虽然营养丰富，但是煮起来比较困难，所以在煮之前一定要用干净的清水把燕麦片浸泡一段时间，这样煮出来会更加黏稠。

燕麦片的功效：

降低血糖，预防心血管疾病，减肥，缓解便秘，预防骨质疏松、贫血，增强免疫力，延年益寿、消减脸上的痘印等。

燕麦片的营养成分表
（每100克含量）

热量及四大营养元素

热量（千卡）	367
脂肪（克）	6.7
蛋白质（克）	15
碳水化合物（克）	66.9
膳食纤维（克）	5.3

矿物质元素（无机盐）

钙（毫克）	186	钾（毫克）	214
锌（毫克）	2.59	硒（微克）	4.31
铁（毫克）	7	镁（毫克）	177
钠（毫克）	3.7	铜（毫克）	0.45
磷（毫克）	291	锰（毫克）	3.36

维生素及其他营养元素

维生素A（微克）	-	维生素E（毫克）	3.07
维生素B_1（毫克）	0.3	烟酸（毫克）	1.2
维生素B_2（毫克）	0.13	胆固醇（毫克）	-
维生素C（毫克）	-	胡萝卜素（微克）	220

美味你来尝
——肉末燕麦粥

Ready

燕麦片 150 克
瘦猪肉 150 克
鸡蛋 1 个

葱末
熟食用油
盐
味精
胡椒粉
淀粉
料酒

浸泡后不但能缩短烹饪时间，而且能提升口感。

STEP 01 把猪肉清洗干净，切成肉末后放入鸡蛋清、料酒、水淀粉将其搅拌成糊状备用。

STEP 02 将燕麦片清洗干净，放入清水中浸泡一段时间，然后把浸泡好的燕麦片放入沸水中煮至黏稠状。

STEP 03 等燕麦片煮成黏稠状后，把调成糊状的肉末慢慢地倒入燕麦粥，搅拌均匀等煮沸后调入熟食用油、胡椒粉、味精再撒上青葱就可以出锅食用了。

★味道鲜美的肉末燕麦粥具有缓解便秘的作用。

荞麦米

含有丰富的纤维素

学名	荞麦米
别名	三角麦
品相特征	三角形或长卵圆形

荞麦米是由荞麦脱掉外壳后制成的一种食粮。它和大米等主食一样，可以用来煮粥也可以用来蒸饭等。

好荞麦米？坏荞麦米？这样来分辨

OK挑选法

看形状。选择果实大小均匀、颗粒饱满的，这种荞麦米营养丰富，口感较好

看颜色。表面多为绿色，有均匀的光泽，如果是褐色则说明该米已经氧化了，不适合食用

看整体。选择果形完整，残缺较少，没有杂质的，这类属于质量上乘的荞麦米

一次吃不完，这样来保存

为了能够长时间保存荞麦米，一定要先将其密封好，然后放到干燥、通风、低温的地方。为了防止荞麦米生虫，大家可以用在花椒中浸泡过的袋子来盛放。值得注意的是，一旦荞麦米磨成荞麦面，一定要尽快食用完毕，尤其是在炎热的夏季，因为高温容易让荞麦面的味道变苦。

这样吃，安全又健康

清洗：荞麦米和大米一样，清洗时不宜用力揉搓，只要用清水反复淘洗几遍就可以了。

食用禁忌：荞麦米虽然营养丰富，却不适合脾胃虚寒、长期腹泻、肠胃功能不好的人食用，因为荞麦是一种属性寒凉、富含纤维素的食物。另外，为了保证身体健康，也不要一次性食用大量荞麦米。此外，如果把荞麦米磨成荞麦面做粥，熬煮的时间不宜太长，否则会破坏其中的营养成分。

荞麦米的功效：

降血脂、降血糖，软化血管，健脾益气，止咳平喘，宽肠通便，预防积食、治疗便秘等。

健康吃法：荞麦米容易煮熟，而且带有特别的清香，适合与大米掺在一起煮粥或蒸饭。面粉后，还能制作面饼、面条、扒糕或者其他美味食品。如果把荞麦米磨成荞麦面，那加入适量的

荞麦米的营养成分表
（每100克含量）

热量及四大营养元素

热量（千卡）	324
脂肪（克）	2.3
蛋白质（克）	9.3
碳水化合物（克）	73
膳食纤维（克）	6.5

矿物质元素（无机盐）

钙（毫克）	47	钾（毫克）	401
锌（毫克）	3.62	硒（微克）	2.45
铁（毫克）	6.2	镁（毫克）	258
钠（毫克）	4.7	铜（毫克）	0.56
磷（毫克）	297	锰（毫克）	2.04

维生素及其他营养元素

维生素A（微克）	3	维生素E（毫克）	4.4
维生素B$_1$（毫克）	0.28	烟酸（毫克）	2.2
维生素B$_2$（毫克）	0.16	胆固醇（毫克）	-
维生素C（毫克）	-	胡萝卜素（微克）	20

美味你来尝
——黑米荞麦粥

Ready

荞麦米 1/3 碗
黑米 1/2 碗
山药 25 克

冬瓜

STEP 01 把山药清洗干净，去皮后切成片放入锅内煮熟，捞出后趁热捣成山药泥备用。也将冬瓜煮熟，并捣成泥备用。

STEP 02 将黑米和荞麦米清洗干净，放入锅内煮沸后调成小火熬煮成粥。

STEP 03 等粥快熟的时候，把捣成泥的山药和冬瓜放入锅内搅拌均匀，煮沸后再熬煮片刻就可以关火食用了。

食用之前大家可以根据自己的口味适当放入盐或冰糖调味。

★富含营养的黑米搭配上清香的荞麦米，比较适合正在减肥和血糖较高的朋友食用。

高粱米
不适合多吃

学名	高粱米
别名	蜀黍、芦稷、荻草、荻子、芦穄、芦粟
品相特征	椭圆形、倒卵形或者圆形，颜色各异

高粱米是把高粱的外壳去掉之后得到的一种粮食。很多人尤其是年轻人对它知之甚少，甚至没有吃过，然而它却是我国主要的粮食作物之一。

好高粱米？坏高粱米？这样来分辨

看形状。颗粒均匀、饱满、干燥，质量好，口感佳

闻味道。味道清香，没有异味或发霉的味道

看外观。颗粒整齐，没有碎米或沙子，有均匀的光泽，质量较好

一次吃不完，这样来保存

高粱米不容易保存，尤其是在炎热高温的夏季，它很容易发霉。为了防止高粱米发霉或生虫，我们可以把它放入瓷坛，盖上盖子，然后放到阴凉、通风、干燥的地方保存。一旦发现高粱米发霉，要及时把变质的那些清理掉并用清水将剩余的冲洗干净，再放到阴凉处阴干，最后再装好存放。

这样吃，安全又健康

清洗：高粱米清洗起来非常简单。只要把高粱米放入清水中淘洗几遍就可以了。不过在熬煮之前，为了让高粱米的营养充分发挥出来，需要把它浸泡很长时间。

食用禁忌：高粱米的营养价值虽然高，但是患有便秘或者大便干燥者一定不要食用，因为它具有收敛固脱的功效。另外，患有糖尿病的朋友也不能吃高粱米。

健康吃法：高粱米作为一种主要的粮食作物，营养价值虽然不及玉米，不过其营养成分却很容易被人体吸收。将高粱米碾成粉煮粥食用，能达到健脾胃、滋养肌肤的功效。如果想要让高粱米的营养充分发挥出来，在蒸煮时不要放入食用碱。另外，不要长期、大量食用长时间放置、蒸熟或煮熟的高粱米饭。另外，在煮高粱米时一定要将它煮烂后再食用。

高粱米的功效：

健脾胃，消除积食，解毒凉血，补中益气，收敛作用等。

高粱米的营养成分表
（每100克含量）

热量及四大营养元素

热量（千卡）	351
脂肪（克）	3.1
蛋白质（克）	10.4
碳水化合物（克）	74.7
膳食纤维（克）	4.3

矿物质元素（无机盐）

钙（毫克）	22
锌（毫克）	1.64
铁（毫克）	6.3
钠（毫克）	6.3
磷（毫克）	329
钾（毫克）	281
硒（微克）	2.83
镁（毫克）	129
铜（毫克）	0.53
锰（毫克）	1.22

维生素以及其他营养元素

维生素 A（微克）………-	维生素 E（毫克）………1.88
维生素 B₁（毫克）………0.29	烟酸（毫克）………1.6
维生素 B₂（毫克）………0.1	胆固醇（毫克）………-
维生素 C（毫克）………-	胡萝卜素（微克）………-

美味你来尝
——高粱米粥

Ready

高粱米 50 克

冰糖

 把高粱米清洗干净，用清水浸泡 2 个小时。

 向锅内注入水，水沸后把浸泡好的高粱米放入锅内，用大火煮沸后调成小火熬煮成粥。

 等粥熬稠之后，放入适量冰糖搅拌，待冰糖融化后就可以食用了。

粥要趁温时吃，放凉后味道会稍微差一些。

★味道甘甜的高粱米粥在生津止渴、健脾开胃方面有不错的功效。

常见的豆类

黄豆
新豆、陈豆巧分辨

学名	黄豆
别名	青仁乌豆、大豆、泥豆、马料豆、秣食豆
品相特征	椭圆形、球形，表皮黄色
口感	豆腥味

黄豆是大豆的一种。生活中常吃的豆腐就是由黄豆制作而成的。黄豆的用途非常广泛，可以用来榨油或制作豆酱、豆浆等。

好黄豆？坏黄豆？这样来分辨

NG 挑选法

❌ 颜色暗淡，没有光泽——可能是陈豆，有些营养成分遭到了破坏。

❌ 果形干瘪、大小不均匀，有破损甚至虫子咬过的痕迹和霉斑——变质或陈大豆，口感很差。

❌ 用牙齿咬时，豆粒没有清脆声——说明黄豆比较湿，不耐存储。

OK 挑选法

脐色为黄白色或者浅褐色，质量上乘

气味清香，没有酸味或者发霉的味道

用牙齿咬时有清脆的声音，豆粒容易被咬碎

肉质为深黄色，含油量高，质量好

果形大小均匀、完整，果实饱满

豆粒颜色鲜亮、干净，有均匀的光泽

硬滚滚的黄豆看上去不难保存，其实不然，如果保存的环境达不到黄豆的"要求"，那它是很难长时间存放的。由此不难看出，适宜的环境是保存黄豆不可缺少的条件。一般来讲，阴凉、通风、干燥、低温的环境最适合保存黄豆。除了达到上述条件外，为了防止黄豆生虫，我们可以把一些干辣椒切成块后和黄豆混合，再把它们一起装入密封的容器内存放。

值得注意的是，质地干燥的黄豆要比潮湿的黄豆更耐存储，所以在挑选黄豆时，为了能延长存储时间，一定要选择干燥的黄豆。

这样吃，安全又健康

在食用黄豆之前，我们需要进行清洗，这样才能将附着在黄豆表面的灰尘和有害物质清洗掉，从而保证我们吃到干净、健康且安全的黄豆。

在清洗黄豆时，很多人总是用清水简单冲洗几遍就算完事了，其实这样并不能很好地把附着在其表皮上的粉尘清洗下来。

正确的清洗方法是：把黄豆放入水中稍微浸泡一会儿，准备一块干净的布，把布用水浸湿，拧掉 80% 的水分后，将水中的黄豆捞出来，放到布上，包裹好然后轻轻揉搓，之后再用清水冲洗一下就可以了。

黄豆中富含蛋白质和人体必需的氨基酸，能提升人体免疫力，因此被人们亲切地称为"植物肉"或"绿色牛乳"，它富含的卵磷脂具有减少肝脏脂肪堆积的作用，在治疗因肥胖导致的脂肪肝方面有奇效。它里面含有大量同雌激素类似的物质，在延缓衰老、减少骨质流失和减缓女性更年期症状方面有不错的功效。此外，富含抑制胰酶物质的黄豆对治疗和预防糖尿病有很好的效果。而它含有的皂甙不但能降血脂，还能抑制体重增加，比较适合减肥的朋友食用。另外，它在预防乳腺癌发生方面也有一定的作用。

要想吃到美味的黄豆，一定要用高温将其煮熟或煮烂，一定不要生吃，因为生黄豆中含有抗胰蛋白酶和凝血酶，生食后会对身体产生不利影响。此外，黄豆也不能炒食。值得注意的是，一次性不能吃大量黄豆，以免腹胀。

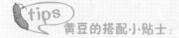

tips

黄豆的搭配·小·贴士：

◎ 黄豆＋小米——后者的某些营养元素能让身体很快吸收掉前者中所含的营养成分。

黄豆的营养成分表
（每100克含量）

热量及四大营养元素

热量（千卡）	359
脂肪（克）	16
蛋白质（克）	35
碳水化合物（克）	34.2
膳食纤维（克）	15.5

矿物质元素（无机盐）

钙（毫克）	191
锌（毫克）	3.34
铁（毫克）	8.2
钠（毫克）	2.2
磷（毫克）	465
钾（毫克）	1503
硒（微克）	6.16
镁（毫克）	199
铜（毫克）	1.35
锰（毫克）	2.26

维生素 A（微克）·········37

维生素 B₁（毫克）·········0.41

维生素 B₂（毫克）·········0.2

维生素 C（毫克）·········-

维生素 E（毫克）·········18.9

烟酸（毫克）·········2.1

胆固醇（毫克）·········-

胡萝卜素（微克）·········220

Ready

黄豆 150 克
猪蹄 600 克

葱段
姜片
食用油
食盐
料酒
胡椒粉
老抽

用水浸泡过的黄豆在炖煮的时候更容易入味，同时也能缩短烹饪的时间。

美味你来尝
——黄豆炖猪蹄

STEP 01 把猪蹄清洗干净，切成块备用。将葱、姜清洗干净，把葱切成段，把姜切成片。

STEP 02 把黄豆清洗干净后，放入水中泡一个晚上。在锅中注入清水，水沸后把猪蹄放入水中焯一下捞出备用。

STEP 03 向锅内倒入适量食用油，油热后放入一部分葱姜爆香，把焯好的猪蹄放入锅内翻炒，倒入适量生抽、胡椒粉调味上色。上色均匀后放入适量水，用大火烧开后调成小火煮 40 分钟左右。

STEP 04 等猪蹄变软后，把泡好的黄豆放入锅内，调入适量食盐再炖煮 40 分钟就可以了。

★这道美食很适合爱美的女士食用，因为它在美容养颜、延缓衰老方面有不错的功效。

绿豆
夏季养生的佳品

学名	绿豆
别名	青小豆、菉豆、植豆
品相特征	青绿、黄绿、墨绿，圆形或椭圆形
口感	有淡淡的清香味

炎热的夏季来一碗绿豆汤是一件非常惬意的事情。绿豆汤就是由绿豆熬制而成的。绿豆不但是我国主要的谷类作物之一，还是人们经常食用的豆类之一。

好绿豆？坏绿豆？这样来分辨

NG 排选法

❌ 色泽暗淡，颗粒干瘪——质量较次，口感和营养都较差。

❌ 颗粒大小不均匀，破碎、杂质比较多——质量差，营养价值低。

❌ 颗粒上有虫眼，有发霉变质的味道——已经发霉或者是劣质绿豆。

❌ 绿豆用水浸泡后，汤汁颜色快速变深——可能是染色的绿豆，最好不要购买。

OK 排选法

整体看来，颗粒大小均匀、饱满

手感光滑、坚实

用嘴对手上的绿豆哈一口气，质量上乘的绿豆气味清香

绿豆表皮完整，没有破损，颜色新鲜

绿豆的表皮有一层蜡质，如果购买的绿豆完好，没有虫眼等，保存起来还是非常容易的。

一般情况下，在保存之前需要把绿豆放到太阳下晒一晒。晒好晾凉后把它装入密封的容器内，再向容器内放几瓣剥皮的大蒜，盖上盖子就可以了。

为了防止绿豆生虫，我们可以把买回的绿豆放到冰箱冷冻 7~8 天。如果想要长时间保存绿豆，可以把绿豆装入密封的塑料瓶内，放到冰箱冷冻室保存，这样保存的时间更长久一些。

这样吃，安全又健康

在用绿豆制作美食之前，我们需要对它进行清洗，将附着在表皮上的脏东西清洗掉，只有这样我们才能吃到安全放心的绿豆。在生活中很多人在清洗绿豆时，只是简单用清水淘洗几次，其实这样并不能将绿豆彻底清洗干净。要想把绿豆洗得干干净净，可以试试下面的这个方法：

准备一块干净的布，把绿豆放入盛有水的容器内浸湿，把水倒掉后，将干净的布盖到绿豆上用力擦拭豆子，擦拭一遍后用清水冲洗一下，同时把布也清洗一下，再用第一遍的方法擦拭，按照这种方法擦拭 3~4 遍就可以了。众所周知，绿豆汤是夏季的降暑佳品，它之所以有这种功效，是因为绿豆具有降暑益气、止渴利尿以及补充身体所需无机盐的功效。绿豆本身含有的某些营养成分具有抑制细菌的功效，能很好地提升身体的免疫力。它含有的多糖成分能提升血清脂蛋白酶的活性，从而达到预防冠心病和心绞痛的作用。此外，它在护肝方面也有很好的作用。要想让绿豆汤解暑的功效充分发挥出来，只要将绿豆煮 10 分钟左右就可以了，因为一旦煮开花就会破坏维生素和无机盐。

tips

绿豆的搭配小·贴士：

- 绿豆 + 豇豆——两者都具有清热解毒的功效，一起煮食饮汤效果会更好。

另外，绿豆和燕麦共同煮粥，能达到控制血糖的功效。

绿豆的营养成分表
（每100克含量）

热量及四大营养元素

热量（千卡）	316
脂肪（克）	0.8
蛋白质（克）	21.6
碳水化合物（克）	62
膳食纤维（克）	6.4

矿物质元素（无机盐）

钙（毫克）	81
锌（毫克）	2.18
铁（毫克）	6.5
钠（毫克）	3.2
磷（毫克）	337
钾（毫克）	787
硒（微克）	4.28
镁（毫克）	125
铜（毫克）	1.08
锰（毫克）	1.11

维生素以及其他营养元素

维生素 A（微克）	22	维生素 E（毫克）	10.95
维生素 B₁（毫克）	0.25	烟酸（毫克）	2
维生素 B₂（毫克）	0.11	胆固醇（毫克）	—
维生素 C（毫克）	—	胡萝卜素（微克）	130

美味你来尝
——绿豆百合粥

Ready

绿豆 150 克，
大米 100 克
陈皮 1 块
干百合 15 克

冰糖

 STEP 01 把干百合和陈皮放入水中浸泡 20 分钟左右，清洗干净后备用。

 STEP 02 把绿豆提前 2~3 小时清洗干净并用清水浸泡。

 STEP 03 将大米淘洗干净后放入锅内，把浸泡好的绿豆也放入其中，加入适量清水。

 STEP 04 把百合和陈皮放入锅内，用大火煮沸后搅拌一下，调成小火熬煮半个小时左右，直到绿豆开花为止。

 STEP 05 关火后放入适量冰糖，搅拌至冰糖融化就可以食用了。

大火煮沸后搅动主要是为了防止粘锅。在熬煮的过程中也要时不时搅动一下以免粘锅。

★这道粥在清热降暑，降血脂方面有不错的功效。

黑豆
带皮吃更营养

学名	黑豆
别名	橹豆、乌豆、枝仔豆、黑大豆
品相特征	椭圆形、类球形，微呈扁形
口感	口感微微发淡，有豆腥味

　　黑豆与黄豆属于近亲，不过两者在外形上差别比较大，只看颜色就知道了。黑豆以前被用为喂食畜生的饲料，而现在崇尚绿色生活的人们却喜欢这天然的黑营养。

好黑豆？坏黑豆？这样来分辨

NG 挑选法

❌ 通体乌黑发亮，光泽度很高——可能是染色的黑豆，不适宜选购。

❌ 表皮脱落或有裂纹——陈旧的黑豆，营养、口感都比较差。

❌ 剥开种皮后果仁为白色——染色的黑豆，假的，不要购买。

❌ 有霉味或者异味——是陈豆或者变质的黑豆，属于次品。

❌ 将黑豆放入白醋中，白醋不变色——染色的黑豆，不能选购。

OK 挑选法

乞味清香，咀嚼有豆腥味

整体看，豆粒大小并不是很均匀，但是饱满

果仁有黄仁和绿仁两种

豆粒墨黑或黑中有红色，表皮完整

黑豆让白醋变为红色，真黑豆，质量好

黑豆的种皮很薄，所以一旦保存方法不正确，很容易出现发霉变质、生虫等现象。很多人认为只要将买回的带着包装袋的黑豆放入橱子内就万事大吉了。其实这种保存方法并不正确，尤其是在闷热的夏季很容易让黑豆生虫。

恰当的保存方法：从买回的黑豆中将有虫眼、不完整的挑出来，将完好无损的黑豆装入干燥的贮藏瓶内，盖上盖子后放入冰箱保存或者放到阴凉、干燥、通风的地方。需要注意的是，黑豆很容易生虫，所以买回后要尽快食用完毕，也不要一次购买太多。

这样吃，安全又健康

黑豆按照表皮的光滑程度分为光滑和褶皱两种。虽然种皮外表不相同，但是在食用之前清洗是不可缺少的一步。只有认真清洗，才能把附着在种皮上的有害物质彻底清洗掉，保证我们吃到安全健康的黑豆。

很多人在清洗时认为只用清水简单的淘洗几遍就可以了。其实这样并不能把黑豆清洗干净。大家在清洗黑豆时可以参考清洗黄豆的方法，用干净的布擦洗，也可以采用下面这个方法：

将黑豆用清水淘洗两遍，之后把它放入淡盐水中浸泡 10~20 分钟，浸泡时可以用手轻轻搓洗一下，捞出后再用清水淘洗干净就可以了。

黑豆的油脂中富含的不饱和脂肪酸具有促进血液中胆固醇代谢的功效，很适合体内胆固醇含量较高的人食用。黑豆中的维生素 E 和种皮上含有的花青素在抗氧化方面有不错的功效，具有预防衰老、美容乌发的作用。它含有的异黄酮，在预防骨质疏松、抑制乳腺癌等方面功效显著。另外，它在健脑益智、防止便秘等方面也有不俗的表现。

黑豆中的某些营养元素在高温作用下会被破坏掉，而黑豆豆浆能将这些营养最大限度地保留下来。想要获得黑豆中的全面营养，那最好连皮一起吃掉。值得注意的是，大量食用黑豆容易引起腹胀、消化不良等症状，所以在食用时一定要控制好量。

黑豆的搭配小·贴士：

- 黑豆+红糖——两者一起食用，能达到滋补肝肾、美容养发、活血的作用。

- 黑豆+牛奶——黑豆中的某些营养元素能促进人体吸收维生素 B_{12}。

黑豆的营养成分表（每100克含量）

热量及四大营养元素

热量（千卡）	381
脂肪（克）	15.9
蛋白质（克）	36
碳水化合物（克）	33.6
膳食纤维（克）	10.2

矿物质元素（无机盐）

钙（毫克）	224
锌（毫克）	4.18
铁（毫克）	7
钠（毫克）	3
磷（毫克）	500
钾（毫克）	1377
硒（微克）	6.79
镁（毫克）	243
铜（毫克）	1.56
锰（毫克）	2.83

美味你来尝
——黑豆凤爪汤

Ready

黑豆 50 克
凤爪 5 个

盐

STEP 01 把黑豆清洗干净后，放入水中浸泡 2~3 个小时。

STEP 02 将凤爪清洗干净后，放入开水中焯一下捞出备用。

STEP 03 向锅内注入清水，把焯好的凤爪放入锅内，同时将浸泡好的黑豆也放入锅内。

STEP 04 用大火煮沸后撇去上面的浮沫，调成小火炖煮至黑豆变软为止，再调入适量食盐稍微煮 5 分钟后关火就可以食用了。

撇去浮沫能很好地降低肉的腥味，口感也会更好。

★这道美味在健脾胃、利尿活血方面有不错的功效。

学名	赤小豆
别名	红豆、野赤豆、红豆、红饭豆、米赤豆、赤豆
品相特征	长椭圆形，暗红色或褐色
口感	有淡淡的甜味

　　赤小豆常常被称为红豆，而同时红豆也是相思豆的别称，不要看两者有共同的别称，但功效和营养却有着天壤之别。如果误把真正的相思豆当成赤小豆大量食用，那后果是不堪设想的。所以大家一定要将两者分辨清楚。

好赤小豆？坏赤小豆？这样来分辨

❌ 光泽暗淡，甚至有褪色的迹象——可能是陈豆，有些营养成分遭到了破坏。

❌ 颗粒大小不均匀，干瘪——质量不好，营养成分和口感比较差。

❌ 豆粒上有虫眼甚至虫屎——变质的红豆，最好不要买。

❌ 红豆漂浮在淡盐水上——是干瘪的豆，属于次品。

❌ 表皮颜色鲜红，凸镜形——是相思豆，有毒，不能食用。

气味清香

豆粒上有白色的豆脐，色泽鲜亮

表皮暗红色，完整，没有虫眼或霉斑

手感光滑、坚实，没有杂质

整体看来，颗粒大小均匀，豆粒饱满

完全沉在淡盐水中，质量上乘

一次吃不完，这样来保存

　　赤小豆和其他豆类一样，虽然有坚硬的表皮，但是如果保存方法不恰当，很容易生虫子，尤其是在炎热的夏季。

　　正确的保存方法是：把赤小豆放到阴凉、通风的地方彻底晾干后，将其中有虫眼、发霉的挑选出来，将完整的、没有破损的赤小豆装入干净、干燥的饮料瓶中，把盖子拧紧后放到阴凉、通风、避光、干燥的地方保存。需要注意的是，第一次向瓶子内装赤小豆时，大家应该把瓶子装得满满的，不留任何空隙，这样就没有虫子生存需要的氧气了。

这样吃，安全又健康

　　在使用赤小豆制作美味之前，清洗是很有必要的，这样才能把豆粒表面附着的有害物质清洗掉，确保大家吃到的赤小豆是干净、安全的。

　　很多人在清洗赤小豆时只是用清水简单的淘洗两遍，其实这样并不能把豆粒表面的有害物质彻底清洗干净。为了保证赤小豆能被彻底清洗干净，大家可以按照清洗黑豆和黄豆的方法来清洗赤小豆，用布擦洗，这样才能确保豆粒干净。

赤小豆中含有多种纤维物质，在治疗便秘方面有不错的功效，也正是因为如此，它在减肥、降血脂、降血压、润肠通便等方面的功效也比较突出。它含有蛋白质以及各种微量元素，在提高身体免疫力方面也有一定作用。它是一种叶酸含量极其丰富的食物，所以具有良好的催乳功效。除此之外，把赤小豆煮成粥食用，还能达到健脾胃、利水湿的作用。正是赤小豆利水湿的功效，所以不适合尿多的人食用。想要吃到美味的赤小豆，那么最佳的吃法就是煮汤，因为它很难被煮烂。

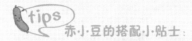

赤小豆的搭配小贴士：

- 赤小豆＋糯米——两者在健脾胃、利尿方面功效显著，一起食用对脾虚腹泻和水肿有一定改善作用。

赤小豆的营养成分表
（每100克含量）

热量及四大营养元素

热量（千卡）·············309
脂肪（克）··············0.6
蛋白质（克）············20.2
碳水化合物（克）········63.4
膳食纤维（克）··········7.7

矿物质元素（无机盐）

钙（毫克）···············74
锌（毫克）··············2.2
铁（毫克）··············7.4
钠（毫克）··············2.2
磷（毫克）·············305
钾（毫克）·············860
硒（微克）··············3.8
镁（毫克）·············138
铜（毫克）············0.64
锰（毫克）···········1.33

维生素以及其他营养元素

维生素 A（微克）	13	维生素 E（毫克）	14.36
维生素 B₁（毫克）	0.16	烟酸（毫克）	2
维生素 B₂（毫克）	0.11	胆固醇（毫克）	-
维生素 C（毫克）	-	胡萝卜素（微克）	80

美味你来尝
——赤小豆薏米粥

Ready

赤小豆 25 克
薏米 50 克

冰糖

为了保留住赤小豆的全部营养，我们可以用浸泡赤小豆的水直接来煮粥。

 STEP 01 把赤小豆清洗干净，放到水中浸泡一晚上。

 STEP 02 将薏米清洗干净，放入水中浸泡 4~5 个小时。

 STEP 03 把浸泡好的赤小豆和薏米放入锅内，用大火煮沸后调成小火熬煮，直到两者全部煮熟为止。

 STEP 04 放入冰糖稍煮片刻，一边搅拌一边煮，等冰糖融化后就可以关火食用了。

★这道美食在清热解毒、利尿方面有不俗的表现，适合尿急、尿痛的人急用。

学名	花生豆
别名	花生米、花生仁
品相特征	长椭圆形或近似球形，果皮为淡褐色或者浅红色
口感	口感香甜，有淡淡豆腥味

花生豆是花生剥掉外壳后的种子，在生活中最常见，很多下酒的小菜就是用它制作而成的。市场上出售的花生豆的品种和类型也是多种多样。花生豆是不是个头越大越好呢？其实不然，很多个头巨大的花生豆是用激素催长而成的，所以大家在挑选和食用花生豆时要特别留意。

好花生豆？坏花生豆？这样来分辨

❌ 表皮破裂，有虫眼或霉斑——可能是陈豆或变质的豆，有些营养成分遭到了破坏。

❌ 表皮上没有白点，整体颜色一致——可能是染色的花生豆，不宜选购。

❌ 豆粒大小不均匀，有干瘪的豆——质量较次，营养和口感都比较差。

❌ 白色果仁上有红色的痕迹——染色的花生豆，属于次品。

OK 挑选法

气味清香，没有发
霉的味道

表皮没有破裂，没
有虫眼，没有霉斑

手感光
滑、坚实

整体看，表皮润泽，
一端有白色斑点

颗粒饱满，大
小较为均匀

一次吃不完，这样来保存

　　花生豆的表皮比较薄，本身又含有大量的油脂，因此很受虫子的"欢迎"。为了防止花生豆生虫，也为了延长保存时间，在存放花生豆之前需要先把它彻晾晒干，同时去掉其中的杂质和已经变质、生虫的豆。

　　把挑选好的花生豆装入密封袋内，将袋内的空气尽量挤干净，然后放到冰箱冷冻室冷冻保存即可。如果不想把它放到冰箱保存，也可以把它放到阴凉、通风、干燥、避光的地方保存。另外，我们还可以把花生豆装入密封的袋子内，在密封前放一些剪碎的干辣椒，密封好后放到阴凉、通风、干燥的地方就可以了。

　　如果想长时间保存花生豆，可以先把整理好的豆子用清水淘洗干净，然后放到开水中浸泡 20 分钟左右，捞出后撒上食盐和玉米面，搅拌均匀后放到阳光下晒 2~3 天，等彻底晾干装入密封袋就可以了。

这样吃，安全又健康

　　在吃花生豆之前，一定要清洗。花生豆在加工过程中一定会受到细菌、尘土的污染，所以为了自身健康和安全着想一定要对它们进行清洗。

清洗花生豆的方法并不难，我们可以按照清洗黑豆的方法来做，用干净的布轻轻擦拭花生豆，擦试几遍后花生豆就变得干净了。如果不想擦洗，也可以用水反复冲洗。清洗时切忌用清水浸泡，因为长时间浸泡容易导致花生豆外皮脱落，从而造成二次污染。

花生豆中富含多种矿物质、维生素以及氨基酸等，具有帮助身体生长发育，健脑益智的功效。它含有的儿茶素和赖氨酸在延缓衰老方面功效显著，因此它才被称为"长生果"。它含有一种生物活性超强的白藜芦醇，这种物质在预防癌症、抗动脉粥样硬化、

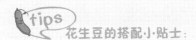

花生豆的搭配·小·贴士:

- ✅ 花生豆 + 菠菜——花生豆中的某些营养元素能促进人体对菠菜中维生素的吸收。

预防心血管疾病方面效果显著。另外，它还具有补气养血、通乳、预防肠癌等作用。为了身体健康考虑，大家在食用花生豆时最好煮熟后再食用，不要生吃花生豆，因为生花生豆中可能含有对身体不利的物质，大量食用会导致腹痛腹泻，引起消化不良。

花生豆的营养成分表
（每100克含量）

热量及四大营养元素

热量（千卡）	563
脂肪（克）	44.3
蛋白质（克）	24.8
碳水化合物（克）	21.7
膳食纤维（克）	5.5

矿物质元素（无机盐）

钙（毫克）	39
锌（毫克）	2.5
铁（毫克）	2.1
钠（毫克）	3.6
磷（毫克）	324
钾（毫克）	587
硒（微克）	3.94
镁（毫克）	178
铜（毫克）	0.95
锰（毫克）	1.25

维生素 A（微克）	………5	维生素 E（毫克）	………18·09
维生素 B₁（毫克）	………0·72	烟酸（毫克）	………17·9
维生素 B₂（毫克）	………0·13	胆固醇（毫克）	………–
维生素 C（毫克）	………2	胡萝卜素（微克）	………30

美味你来尝
——芹菜凉拌花生豆

Ready

花生豆 200 克
芹菜 100 克

姜片
葱段
蒜
花椒
八角
干辣椒
食盐
香醋
香油

 STEP 01 把花生豆清洗干净放入水中浸泡一个晚上，第二天将花生豆连同浸泡的水倒入锅内，放入八角、花椒、干辣椒、姜片和葱段，开火煮沸后用中火煮 20 分钟。

 STEP 02 关火后放入适量食盐，搅拌均匀后盖上盖子焖一段时间。

 STEP 03 将芹菜择洗干净，切成段备用，把蒜切成末备用。

STEP 04 向另一个锅内倒入适量清水，水开后把芹菜焯熟，过凉水后沥干水分，倒入大碗中。

 STEP 05 把花生豆捞出来晾凉后放入盛有芹菜的碗内，放入切好的蒜末，倒入香醋、香油搅拌均匀后就可以享用了。

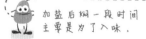 加盐后焖一段时间主要是为了入味。

★这道美食在润肠通便、减肥、防御癌症方面有很好的功效。

青豆
健脑、抗癌的绿色大豆

学名	青豆
别名	青大豆、豌豆
品相特征	扁圆形或圆形

青豆在我国已经有 5000 多年的栽培历史，是我国主要的粮食作物之一。未成熟的青豆吃起来香甜可口。

好青豆？坏青豆？这样来分辨

OK 挑选法

看颜色．表面多为青绿色，有光泽，质量好适合购买。如果放入水中，水变成了绿色，说明是染色的青豆

看形状．选择豆粒大小均匀，颗粒饱满的，营养和口感都不错

看果仁．果仁完整，颜色青绿色，若果仁中有的部分为黄色，说明是染色的

一次吃不完，这样来保存

青豆分为两种，干青豆和嫩青豆。两者在存储时差别很大。在存储干青豆时，我们可以按照存储黑豆或者黄豆的方法，把它装入密封容器内，然后放到阴凉、通风、干燥的地方。嫩青豆存储起来比较麻烦，因为它本身含有水分，一旦采用的方法不恰当，就会发霉、长毛、变质。不过，恰当的方法不是没有，我们可以试一试下面的方法：

把嫩青豆装入密封袋内，扎紧袋口后放到冰箱冷冻室，大约能保存 1 个月。值得注意的是，嫩青豆最好不要清洗保存，以免影响口感。

这样吃，安全又健康

清洗： 干青豆的清洗方法同黄豆或黑豆的方法相同，用干净的布进行擦洗。嫩青豆在清洗时也比较简单，直接放到清水中稍微冲洗一下，然后放到淡盐水中浸泡片刻，捞出后用清水再次冲洗干净就可以了。

食用禁忌： 青豆虽然含有丰富的营养元素，但是不要一次性大量食用，因为它富含淀粉，大量食用后会引起胃痛、胃胀等病症。需要注意的是，患有肾病的朋友最好不要吃青豆。

健康吃法： 青豆味道清甜，能和各种食材搭配制作佳肴。不过青豆不适合长时间烹饪，这样不但会破坏其中的营养成分，还会让它的颜色改变，严重营养口感。

青豆的功效：

预防脂肪肝形成、保护心血管，健脑、预防和抵抗癌症等。

青豆的营养成分表（每100克含量）

热量及四大营养元素

热量（千卡）	373
脂肪（克）	16
蛋白质（克）	34.5
碳水化合物（克）	35.4
膳食纤维（克）	12.6

矿物质元素（无机盐）

	200
钙（毫克）	3.18
锌（毫克）	8.4
铁（毫克）	1.8
钠（毫克）	395
磷（毫克）	718
钾（毫克）	5.62
硒（微克）	128
镁（毫克）	1.38
铜（毫克）	2.25
锰（毫克）	

维生素以及其他营养元素

维生素A（微克）……132		维生素E（毫克）……10·09	
维生素B₁（毫克）……0·41		烟酸（毫克）……3	
维生素B₂（毫克）……0·18		胆固醇（毫克）……-	
维生素C（毫克）……-		胡萝卜素（微克）……790	

美味你来尝
——青豆泥

Ready

青豆 300 克

水
白糖

 STEP 01 把青豆清洗干净，放入锅内加入适量清水煮熟。

 STEP 02 把煮熟的青豆捞出沥干水分备用。

 STEP 03 把沥干水分的青豆放入搅拌机中加适量白开水绞碎成泥。倒出后加适量白糖调味就可以享用了。

 往搅拌机中加水时，要根据自己的口感添加，喜欢稀一些就可以多加水，喜爱稠一点则要少加水。

★营养、鲜绿色的青豆泥营养美味，具有健脑的功效。它可以作为孩子的美食。

蚕豆
别乱吃，小心过敏症

学名	蚕豆
别名	胡豆、佛豆、胡豆、川豆、倭豆、罗汉豆
品相特征	扁平的椭圆形，表皮青绿色或者乳白色

蚕豆的老家在西亚和北非地区，相传是西汉张骞出使西域时带回我国种植的。虽然不是本土生长的豆类，不过其受欢迎程度并不比本土食物差。

好蚕豆？坏蚕豆？这样来分辨

OK 挑选法

看颜色。表皮多为青绿色，发黑或者褐色则不是很新鲜

看整体。果形完整，没有残缺、虫眼或者霉斑，杂质较少，质量上乘

看形状。颗粒大，饱满，光泽均匀，营养高，口感好

一次吃不完，这样来保存

干蚕豆外壳坚硬，保存起来并不麻烦，只要把它放入密封容器内，放到阴凉、通风、干燥的地方就可以了。新鲜蚕豆含有的水分比较多，保存起来就比较麻烦了。我们可以把新鲜蚕豆的外壳去掉，然后清洗干净装入密封袋内，放到冰箱冷冻室保存。此外，我们还可以把新鲜的蚕豆放入锅中煮到八成熟，捞出后撒上少许食盐，放到阳光下晒干后装入密封袋内，再放到冰箱冷冻室保存。

这样吃，安全又健康

清洗：蚕豆外皮坚硬，在清洗时可以使用清洗黄豆的方法，用干净的布来擦洗。

食用禁忌：蚕豆的营养虽然丰富，不过过敏体质或患有蚕豆病的人最好不要吃。蚕豆虽然可以生吃，不过也尽量不要生吃，以免对身体造成伤害。此外，身体虚寒的人也要少吃蚕豆。

tips
蚕豆的功效：

降低胆固醇，预防心血管疾病，健脑、健脾、益气，促进骨骼生长，延缓动脉硬化，预防和抵抗癌症等。

健康吃法：蚕豆的吃法多种多样，刚刚采摘下来的嫩蚕豆剥皮后可以直接生吃。除了生吃之外，人们还通过蒸煮、腌制等方法把蚕豆制作成蚕豆罐头或者其他小吃。此外，它还可以和其他食材一起制成佳肴，不过一定要将其坚硬的外皮剥掉。想要去掉蚕豆的外壳很简单，只要把蚕豆放到瓷坛内，放入适量食用碱，之后倒入煮开的水焖上一分钟左右就可以了。

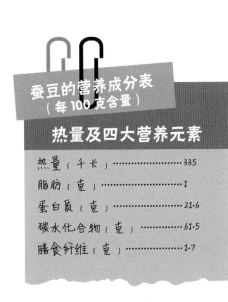

蚕豆的营养成分表
（每100克含量）

热量及四大营养元素

热量（千卡）	335
脂肪（克）	1
蛋白质（克）	21.6
碳水化合物（克）	61.5
膳食纤维（克）	1.7

矿物质元素（无机盐）

钙（毫克）	31
锌（毫克）	3.42
铁（毫克）	8.2
钠（毫克）	86
磷（毫克）	418
钾（毫克）	1117
硒（微克）	1.3
镁（毫克）	57
铜（毫克）	0.99
锰（毫克）	1.09

维生素以及其他营养元素

维生素A（微克）	-	维生素E（毫克）	1.6
维生素B₁（毫克）	0.09	烟酸（毫克）	1.9
维生素B₂（毫克）	0.13	胆固醇（毫克）	
维生素C（毫克）	2	胡萝卜素（微克）	-

美味你来尝
——香酥蚕豆

Ready

干蚕豆 200 克

食用油
食盐
花椒
大料

 STEP 01 把干蚕豆清洗干净。

 STEP 02 将花椒和大料放入容器内冲入沸水，加入少许食盐，搅拌均匀晾凉后加入干蚕豆浸泡24小时。

 STEP 03 等浸泡好之后，将蚕豆顺着豆脐切开2/3，注意不要全部切开。之后把切好的蚕豆放入保鲜盒内盖上盖子冷冻24小时。

 STEP 04 锅内倒入适量食用油，油四成热时倒入冷冻好的蚕豆炸，蚕豆的颜色稍微改变后捞出来，再用5成热的油炸一次，直到豆子变成金黄色为止。蚕豆出锅后晾凉就可以吃了。

 冷冻后再用油炸可以保证蚕豆酥脆.

★香酥美味可口的蚕豆在健脑益气方面有一定功效。

花豆
泡软后烹饪更营养

学名	花豆
别名	肾豆、大红豆、虎豆、福豆、虎仔豆、虎斑豆、花圆豆等
品相特征	肾形

之所以称其为花豆是因为它的表皮被红色经纬花纹所占据，据传花豆种植已经有 2000 多年的历史了。

好花豆？坏花豆？这样来分辨

看颜色．表皮的颜色比较浅，说明比较新鲜；颜色很深，说明是陈豆

看形状．选择豆粒大小均匀，颗粒饱满、有均匀光泽的，营养和口感都较好

看整体．整体干净、没有杂质，表皮舒展，没有褶皱，质量比较好的花豆

一次吃不完，这样来保存

在存储前，一定要确保花豆本身干燥、完整、没有破损。在存储时，我们可以把花豆装入塑料袋内，扎紧袋口后放到阴凉、通风、干燥、避光的地方保存。如果想要延长花豆的保存时间，那可以把装好的花豆放入冰箱冷冻保存。

这样吃，安全又健康

清洗：花豆的清洗方法同黑豆或黄豆的相同，我们可以用干净的布擦洗它。

食用禁忌：花豆虽然营养丰富，食疗功效显著，但并不是每个人都可以吃，像患有痛风的朋友就不能吃。花豆虽然美味，不过发芽的花豆不能吃，因为它本身有一定的毒性。

花豆的功效：

健脾胃，壮肾，提升食欲，抵抗风湿，润肠通便、预防肠癌，补血补钙，预防冠心病等。

健康吃法：花豆中的营养成分虽然不及黄豆、黑豆等豆类，不过它却能把肉中的脂肪分解掉，让菜品更加营养美味，因此才获得了"豆中之王"的美誉。如果用它和鸡肉或者排骨炖汤，还能达到开胃的功效。虽然能用花豆烹饪出不同的美食，但是在烹饪之前一定要用清水长时间浸泡，至少要 3 个小时，这样做不但烹煮起来方便，而且其营养功效也更容易挥发出来。

花豆的营养成分表
（每 100 克含量）

热量及四大营养元素

热量（千卡）	317
脂肪（克）	1.3
蛋白质（克）	19.1
碳水化合物（克）	62.7
膳食纤维（克）	5.5

矿物质元素（无机盐）

钙（毫克）	38
锌（毫克）	1.27
铁（毫克）	0.3
铱（毫克）	12.5
钠（毫克）	48
磷（毫克）	358
钾（毫克）	19.05
硒（微克）	17
镁（毫克）	0.94
铜（毫克）	1.22
锰（毫克）	

维生素以及其他营养元素

维生素 A（微克）·········72

维生素 B₁（毫克）········0.25

维生素 B₂（毫克）········-

维生素 C（毫克）········-

维生素 E（毫克）·········6.13

烟酸（毫克）·············3

胆固醇（毫克）··········-

胡萝卜素（微克）·······430

美味你来尝
——花豆猪脚汤

Ready

猪脚 1 个
花豆 100 克

葱段
香菜末
姜片
食盐
花椒
料酒

 STEP 01 把花豆清洗干净，浸泡 24 小时。

 STEP 02 将猪脚清洗干净，切成块。在沸水中滴入少许料酒，把切好的猪脚放入水中焯一下。

 STEP 03 把焯好的猪脚放入砂锅内，然后将浸泡好的花豆放入锅内，加入适量清水，接着放入姜、葱，用大火煮沸后调成小火炖煮 2 个小时左右，之后再加入调味食盐再炖 5 分钟左右。

 STEP 04 把炖好的猪脚和花豆盛出，撒上适量香菜末就可以享用了。

 用加入料酒的沸水焯后能达到去腥的目的。

★营养美味的花豆猪脚汤在补肾壮肾壮阳、增强食欲方面有不错的功效。

常见的豆类、谷物制品

腐竹
色泽过于光亮可能被熏过

学名	腐竹
别名	腐皮
品相特征	黄色，枝条状
口感	浓郁的豆香味

腐竹在我国已经有 1000 多年的历史了，最早的腐竹出现在唐朝。历史悠久的腐竹是我国人民喜爱的传统美食之一。然而，如今市场上出现了用硫磺熏制后的腐竹以及一些残留着苍蝇的尸体的腐竹。基于上述情况，大家无论是食用还是挑选腐竹都要特别小心。

好腐竹？坏腐竹？这样来分辨

NG 挑选法

- ⊗ 色泽非常光亮，颜色异常鲜亮——可能是硫磺熏过的腐竹，影响身体健康。

- ⊗ 折断的腐竹多为实心，甚至有霉斑或虫眼——质量低劣的腐竹，不适宜购买。

- ⊗ 气味平淡甚至有霉味、硫磺的味道——质量低劣或是熏制的腐竹，营养口感都较差。

- ⊗ 泡发后尝起来有苦味甚至涩味、酸味——质量较次的腐竹。

OK 挑选法

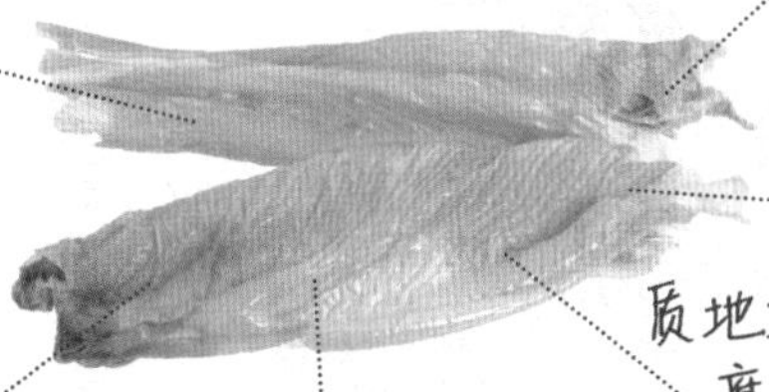

豆香味浓郁，没有酸味或霉味

包装完整，厂家正规，在保质期内

颜色多为淡黄色，有自然的光泽

质地较清脆，容易折断，腐竹内部多为空心

整体枝条完整，没有虫眼或霉斑，内部没有杂质

泡发后口感清香，柔软，没有苦涩或酸味

一次吃不完，这样来保存

保存腐竹时，如果腐竹自身含有的水分比较多，一旦保存方法不恰当，那很可能让腐竹发霉甚至长毛。因此在保存腐竹之前，需要把它放到阳光下彻底晾干。

将晾干后的腐竹放入包装袋内，扎紧袋口后放到阴凉、通风、干燥的地方就可以了。

夏季是腐竹最难熬的日子，因为高温闷热，它很容易发霉。此时，我们要经常把腐竹拿到室外放到通风、阳光充足的地方晾晒，这样能很好地防止其发霉。一旦腐竹生虫，一定不要喷洒化学药品，只要把它放到室外光照充足的地方晾晒，虫子自然就爬出来了。

这样吃，安全又健康

腐竹在制作过程中会直接与空气接触，而这样为空气中的尘土和细菌趁机侵入提供了条件。尽管如此，但是腐竹属于干货，用清水冲洗似乎没有什么作用，不过为了安全和健康着想，大家在食用之前还是要把它用清水冲洗一下。冲洗之后再放入清水中浸泡至发开，发开之后再用清水清洗两遍就可以了。

用清水浸泡腐竹时，时间一定要掌握好，以3~5小时最佳。水也要根据季节的不同而稍作更改，夏季可以用凉水，而秋冬季则需要使用温水，切记不能用热水，因为热水会让泡出来的腐竹失去劲道的口感。

腐竹中富含蛋白质，它能有效补充身体所需能量，所以在运动之前吃一些腐竹是不错的选择。它给身体补充能量的同时还能达到抗疲劳和健脑的功效。此外，腐竹中富含矿物质，是很好的补钙食材，对骨骼生长发育和预防骨质疏松都有不错的食疗功效。不仅如此，常常吃腐竹对预防老年痴呆也有一定的作用。

tips
腐竹的搭配小·贴士：

⊘ 腐竹 + 西芹——西芹和腐竹中含有蛋白质，能补充身体能力，达到抗疲劳的功效。

腐竹的营养成分表
（每100克含量）

热量及四大营养元素

热量（千卡）	459
脂肪（克）	21.7
蛋白质（克）	44.6
碳水化合物（克）	22.3
膳食纤维（克）	1

矿物质元素（无机盐）

钙（毫克）	77
锌（毫克）	3.69
铁（毫克）	16.5
镁（毫克）	26.5
钠（毫克）	284
磷（毫克）	553
钾（毫克）	6.65
硒（微克）	71
铼（毫克）	1.31
铜（毫克）	2.55
锰（毫克）	

维生素 A（微克）	——	维生素 E（毫克）	27.84
维生素 B_1（毫克）	0.13	烟酸（毫克）	0.8
维生素 B_2（毫克）	0.07	胆固醇（毫克）	——
维生素 C（毫克）	——	胡萝卜素（微克）	——

美味你来尝
——西芹拌腐竹

Ready

西芹 300 克
水发腐竹 200 克

食盐
味精
香醋
味极鲜
香油

STEP 01 把水发腐竹清洗一下，沥干水分后切成段，后放入大碗中。

STEP 02 把芹菜择洗干净后放入沸水中焯一下，捞出用凉水冲一下，沥干水分后切成段，放到大碗中。

STEP 03 将味精放入小碗内加适量水稀释，之后倒入味极鲜、食盐、香醋搅拌均匀后倒入大碗中。最后淋上香油搅拌均匀就可以了。

水发腐竹也可以用干腐竹代替，不过使用量要减少一些。

★这道美食具有补充身体能量，抵抗疲劳的作用。

豆腐皮
一碰就碎是劣质品

学名	豆腐皮
别名	油皮、豆腐衣
品相特征	透明薄片，黄色

豆腐皮一种豆制品，它的制作方法是先把豆浆煮沸后，然后将其表层形成的薄膜慢慢地"挑"起来晾干。

浸泡后，质量好的豆腐皮浸泡后柔软但不粘手，颜色为乳白色或微微发黄，手感光滑。

好豆腐皮？坏豆腐皮？这样来分辨

OK挑选法

看颜色。颜色以黄色有光泽为佳，皮比较薄且透明

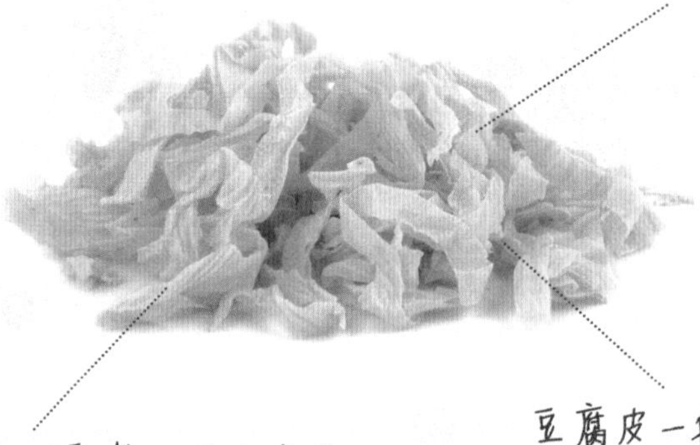

看整体。形状完整，没有杂质，弹性好，手碰触时不容易破碎

豆腐皮一般为干品，在存储时较为方便，只要把它放到阴凉、通风、干燥、避光的地方就可以了

这样吃，安全又健康

清洗：豆腐皮虽然为干货，但是制作时会放到室外晾干，这难免会被空气中的灰尘或者有害物质所侵，因此在食用之前可以先用清水冲洗一下，然后再浸泡，浸泡好之后再用清水清洗就可以了。

食用禁忌：豆腐皮含有多种有益身体的营养元素，同时它还可以帮助消化、清洁肠胃，所以不适合患有腹泻的朋友食用。

健康吃法：豆腐皮的食用方法多种多样，既可以凉拌，也可以和其他时蔬搭配制作成佳肴，另外，烧烤也是不错的吃法。不过想要吃到原汁原味的豆腐皮，还是以凉拌最佳。值得注意的是，很多人喜欢把豆腐皮和大葱一起凉拌食用，其实这种做法并不妥当，因为大葱中的一些营养元素会阻碍身体吸收豆腐皮中的钙质。

豆腐皮的功效：

清热润肺、化痰止咳、帮助消化，延年益寿，预防心血管疾病，促进骨骼生长和智力发展，预防骨质疏松，降低、预防癌症等。

豆腐皮的营养成分表（每100克含量）

热量及四大营养元素

热量（千卡）	409
脂肪（克）	17.4
蛋白质（克）	44.6
碳水化合物（克）	18.8
膳食纤维（克）	0.2

矿物质元素（无机盐）

钙（毫克）	116
锌（毫克）	3.81
铁（毫克）	13.9
钠（毫克）	9.4
磷（毫克）	318
钾（毫克）	536
硒（微克）	2.26
镁（毫克）	111
铜（毫克）	1.86
锰（毫克）	3.51

维生素 A（微克）············· —   维生素 E（毫克）·············20·63

维生素 B₁（毫克）·········0·31   烟酸（毫克）·············1·5

维生素 B₂（毫克）·········0·11   胆固醇（毫克）············· —

维生素 C（毫克）············· —   胡萝卜素（微克）············· —

美味你来尝
——凉拌豆腐皮

Ready

干豆腐皮 80 克
洋葱半个
黄瓜半个

食盐
干辣椒
食用油
芝麻

可以根据自身口味添加辣椒油，也可以用芥末油代替辣椒油。

STEP 01 把干豆腐皮清洗一下，用水把它泡发开，然后切成丝，放入大碗中备用。

STEP 02 将黄瓜和洋葱清洗干净，切成黄瓜丝和洋葱条，之后把两者放入大碗中，调入适量食盐搅拌均匀。

STEP 03 把干辣椒切成段放入小碗中，把芝麻也放入小碗中。

STEP 04 向锅内倒入适量食用油，把油烧热后倒入步骤三的小碗内制作成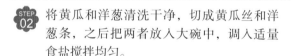辣椒油。

STEP 05 把做好的辣椒油倒入大碗中搅拌均匀就可以享用了。

★这道凉拌菜可以说是夏季不可多得的美食，因为豆腐皮在清热润燥、补中益气方面有很好的功效。

粉条
特别柔软，有可能掺了胶

学名	粉条
品相特征	条状，圆粉条或宽粉条
口感	有淡淡的清香

粉条是大米和红薯或者豆类加工而成的条状干货食品。粉条的种类很多，其中以用红薯或马铃薯加工成的粉条为最佳。不过很多商贩为了牟取暴利，把用化学药品制作而成的粉条充当质量上乘的粉条出售，所以在挑选时，大家一定要认真挑选，筛选出安全、健康的粉条。

好粉条？坏粉条？这样来分辨

❌ 色泽发白或色泽异常鲜艳——可能是以次充好的粉条，不可食用。

❌ 弹性差，容易折断，有很多碎屑或掺有杂质——质量较次的粉条，营养价值低。

❌ 粗细不均匀，有并条出现——质量较次，营养含量较低，口感比较差。

❌ 有霉味甚至苦涩的味道——属于次品。

❌ 煮熟之后特别柔软——可能掺了明胶，最好不要购买。

❌ 点燃一小节粉条后火苗很大，发出噼里啪啦的响声——掺有杂质，属于次品。

OK 挑选法

气味清香，没有任何异味

整体看，粗细均匀，没有并条或折断的碎条

用手折时弹性好，不容易折断

粉条呈灰白色，透明状

煮熟后口感清脆

包装完整、生产厂家正规、在保质期内

一次吃不完，这样来保存

　　粉条属于干货，一旦保存方法不恰当，很容易发霉变质。在生活中，很多人会把装粉条的袋子开着，放到某个地方，其实这样做并不恰当。

　　在保存粉条时，首先要把装粉条的袋子密封好，然后把它放到阴凉、通风、干燥、避光的地方。在保存时一定要注意，不要把它放到冰箱冷藏室保存，因为冰箱内潮气很大，粉条遇到潮气后很容易发霉变质。

这样吃，安全又健康

　　粉条在食用之前不需要清洗，不过要用水煮熟后才能食用。不过为了保证吃到的粉条干净，最好在煮之前用清水冲洗一下其表面的灰尘，然后再放入锅内煮。

很多人认为煮粉条的时间越长越好，其实不正确，一般来说薯类的细粉条只需要煮 15~30 分钟，宽粉条需要煮 40 分钟左右。煮的时间太长，粉条会吸收大量水分，劲道的口感就会下降。

粉条的搭配·小贴士：

- 粉条 + 猪肉 + 大白菜——营养丰富又美味，促进消化。

粉条含有丰富的碳水化合物、膳食纤维、蛋白质以及矿物质元素，一般人都可以食用。不过因为粉条中含有影响身体的铝，在制作过程中又添加了明矾，所以一次不要吃太多且孕妇禁食。粉条能和多种蔬菜搭配，通过不同的烹饪手段，制作出凉热不同的美食。

粉条的营养成分表
（每 100 克含量）

热量及四大营养元素

热量（千卡）	337
脂肪（克）	0.1
蛋白质（克）	0.5
碳水化合物（克）	84.2
膳食纤维（克）	0.6

矿物质元素（无机盐）

矿物质元素	含量
钙（毫克）	35
锌（毫克）	0.83
铁（毫克）	5.2
钠（毫克）	9.6
磷（毫克）	23
钾（毫克）	18
硒（微克）	2.18
镁（毫克）	11
铜（毫克）	0.18
锰（毫克）	0.16

维生素 A（微克）··········-	维生素 E（毫克）··········-
维生素 B₁（毫克）·······0·01	烟酸（毫克）··········0·1
维生素 B₂（毫克）········	胆固醇（毫克）········
维生素 C（毫克）········	胡萝卜素（微克）········-

美味你来尝
——猪肉白菜炖粉条

Ready

粉条 100 克
五花肉 250 克
白菜 300 克

香菜
葱
姜
食盐
酱油
料酒
花椒
大料

粉条的粗细决定了煮的时间的长短，细粉条煮的时间短，而宽粉条煮的时间长。

STEP 01 把五花肉清洗干净切成小方块，放入碗中倒入适量酱油腌制片刻。把葱切成段，把姜切成片，将香菜清洗干净切成小段备用。把白菜清洗干净，切成小块备用。

STEP 02 把粉条清洗一下，放入锅内煮 20 分钟左右至变软为止。

STEP 03 向锅内倒入食用油，等油 6 分热时下五花肉炒至金黄，放入一部分葱段和姜片爆香，之后把肉盛出，沥出油分。

STEP 04 向锅内再次倒入食用油，油热后放葱蒜和姜片爆香，倒入适量酱油，之后把切好的白菜放入锅内翻炒均匀后加入适量食盐和料酒，搅拌均匀后把粉条放到白菜上面，之后把炒好的肉盖到粉条上面。最后盖上盖子炖 10 分钟左右，放上香菜搅拌均匀就可以吃了。

★在这道美食中白菜丰富的维生素正好弥补了粉条缺少的营养部分，让营养变得全面。

粉丝
健康食用有讲究

学名	粉丝
别名	粉条丝，冬粉，春雨
品相特征	白色，细条，直径0.5厘米左右

粉丝是一种利用绿豆粉或者红薯粉制作而成的食品，因为它细如丝，故名为粉丝。

好粉丝？坏粉丝？这样来分辨

OK挑选法

闻气味。没有发霉的味道、酸味或异味，味道较为清香

看整体。包装完整，在保质期内，正规厂商出产

看韧性。质量好的粉丝有韧性，弹性好，弯折不易折断

看颜色。质量上乘的粉丝多为白色，透明有光泽，一旦发黑就不可购买了

看形状。质量好的粉丝细长、均匀，没有碎屑或者断裂

一次吃不完，这样来保存

粉丝存储起来比较简单，买回的袋装粉丝在包装完整的情况下，放到阴凉、通风、避光的地方就可以。一旦包装袋被打开，那在保存时就一定要用夹子将袋口密封好再保存。需要注意的是，保存时一定不要让粉丝受潮，一旦受潮很容易发霉长毛。

这样吃，安全又健康

清洗：一般超市出售的粉丝为袋装粉丝，在食用之前不用清洗，这是因为粉丝需要泡发后才能食用。粉丝泡好后再用清水清洗几遍，以确保食用到的粉丝是安全的。

食用禁忌：粉丝虽然富含碳水化合物和矿物质元素，但是并不能大量食用。因为很多粉丝在制作的过程中添加了明矾，也就是硫酸铝钾，这种物

粉丝的功效：

富含铁、碳水化合物，在补血方面有一定作用。

质对脑细胞的伤害非常大，甚至会干扰人的意识和记忆，让人患上老年痴呆症。另外，吃完粉丝后不要再食用油炸食品，如油条等，因为两者一起食用会使人体摄入过量的铝，从而影响身体健康。

健康吃法：想要吃到美味的粉丝，做汤是首选，因为粉丝的吸附性非常好，能把汤汁中的营养吸收到自己身上，让我们品尝到汤汁的鲜美。另外，它的口感也很爽滑。

粉丝的营养成分表
（每100克含量）

热量及四大营养元素

热量（千卡）	335
脂肪（克）	0.2
蛋白质（克）	0.8
碳水化合物（克）	83.7
膳食纤维（克）	1.1

矿物质元素（无机盐）

钙（毫克）	31
锌（毫克）	0.27
铁（毫克）	6.4
钠（毫克）	9.3
磷（毫克）	16
钾（毫克）	18
硒（微克）	3.39
镁（毫克）	11
铜（毫克）	0.05
锰（毫克）	0.15

维生素以及其他营养元素

维生素 A（微克）……—	维生素 E（毫克）……—
维生素 B₁（毫克）……0.03	烟酸（毫克）……0.4
维生素 B₂（毫克）……0.02	胆固醇（毫克）……—
维生素 C（毫克）……—	胡萝卜素（微克）……—

美味你来尝

——蒜蓉粉丝娃娃菜

 STEP 01 把粉丝放入沸水中浸泡至变软为止。把蒜切碎备用。

STEP 02 将娃娃菜清洗干净，每一棵切成 4 等份。

 STEP 03 向锅内注入适量水，水沸后加入少许食盐，再滴上几滴食用油，然后把娃娃菜放入水中焯一下。

STEP 04 把泡好的粉丝好似铺在盘底，再把娃娃菜捞出沥干水分后，摆放在盘子内，最后在娃娃菜上放上一些粉丝。

 STEP 05 向锅内倒入适量食用油，把蒜末放入锅内爆香，加盐调味后浇在盘子内。

 STEP 06 把浇上蒜蓉汁的盘子放到蒸锅上蒸 10 分钟左右，蒸好后把盘内的水分倒掉，淋上蒸鱼豆豉，撒上香葱末即可食用。

Ready

粉丝 1 把
娃娃菜 2 棵
大蒜 10 瓣

香葱末
食盐
食用油
蒸鱼豆豉

这样做是为了让娃娃菜和粉丝的成熟度与软嫩程度相同。

★ 美味营养的蒜蓉粉丝娃娃菜在减肥方面有不错的功效，正在减肥的朋友不妨试一试。

Part 2

干蔬

——耐存储、风味独特，营养不亚于新鲜蔬菜

与新鲜的蔬菜相比，干蔬最大的特点之一就是更容易保存，虽然没有鲜亮的外表，但是干蔬依旧受到许多人喜爱。由于干蔬需要经过一些细节加工，有些不法商贩会趁机从中"做手脚"，再加之外界环境的影响，因此，干蔬容易受到一些污染。若想吃得健康，我们就要从多方面关注与干蔬相关的饮食安全问题。

常见的风干蔬菜

干黄花菜
硫磺熏制危害大

学名	干黄花菜
别名	干金针菜
品相特征	条形，黄中戴着褐色
口感	淡淡的清香

干黄花菜是由新鲜的、没有开放的黄花菜花蕾经过蒸制、晾晒而成。因为新鲜的黄花菜中含有秋水仙碱，不能直接食用，所以只有在晒干后才可食用。然而一些人为了让干黄花菜的品相出众，会使用硫磺熏制。因此在选购时，大家要独具慧眼，选出健康、安全的干黄花菜。

好干黄花菜？坏干黄花菜？这样来分辨

NG 挑选法

❌ 颜色浅黄、发白或金黄色——可能是用硫磺熏过，危害大不能选购。

❌ 形状不完整，甚至有些已经散开——可能是开花后采摘制作而成，营养价值遭到破坏。

❌ 闻起来有刺鼻的味道——可能用化学药品熏制过，危害身体健康。

❌ 用手攥时粘手，很难分开——水分含量比较高，保存不容易，口感比较差。

OK 挑选法

气味清香，没有
刺鼻的味道

整体看来，果
形完整，没有
断裂或者损伤

用手攥时，没有粘手的感
觉，松开后能分散开

颜色以黄中带着黑
褐色者为佳

一次吃不完，这样来保存

　　干黄花菜吸收水分的本领超强，一旦保存方法不恰当，它就会因为潮湿而发霉变质。很多人会把买回的干黄花菜随意放到橱柜内保存，其实这样很容易让它变质。

　　恰当的保存方法是：把干黄花菜装入保鲜袋内，外层再套上一个保鲜袋，把袋内的空气尽量排出来，之后再扎紧袋口，放到阴凉、通风、干燥的地方保存。

　　如果家里要存放很多干黄花菜，那可以用大缸来保存。首先，在缸底铺上一层3厘米厚的草木灰，然后把干黄花菜一层一层放入缸内，最后再在上面盖上一层稻草，把缸密封好就可以了。这种方法适合大量存放干黄花菜。需要注意的是，隔一段时间需要检查一次，以免发霉、长虫。

这样吃，安全又健康

　　干黄花菜属于干品，不能在清洗之后直接食用。在食用之前需要用清水浸泡。浸泡的方法是：把干黄花菜先放到沸水中焯片刻，捞出后放到凉水中浸泡2~3个小时，之后清洗2~3遍就可以了。

值得注意的是，在用水浸泡时一定要用凉水，不可以使用热水，以免影响口感。

干黄花菜经过加工彻底清除了秋水仙碱，我们可以放心食用。它含有的卵磷脂在健脑、提升记忆力、集中注意力以及抗衰老方面有不错的功效，因此被人们称作"健脑菜"。它

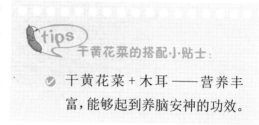

干黄花菜的搭配·小·贴士:

- 干黄花菜＋木耳 —— 营养丰富，能够起到养脑安神的功效。

在降低血液中胆固醇的含量方面效果较为显著，对高血压患者的康复有很好的辅助作用。此外，它还具有抑制癌细胞生长和促进肠道蠕动的作用，是预防肠道癌的保健蔬菜。虽然营养丰富，功效显著，不过在使用黄花菜制作美食时尽量避免单独炒食，最好能和其他蔬菜搭配。在烹饪时要用大火炒制，将其彻底炒熟。另外，每次吃的量不要太多。

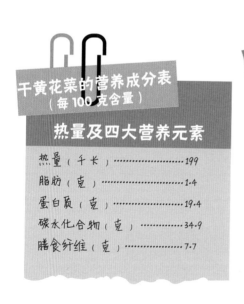

干黄花菜的营养成分表
（每100克含量）

热量及四大营养元素

热量（千卡）	199
脂肪（克）	1.4
蛋白质（克）	19.4
碳水化合物（克）	34.9
膳食纤维（克）	7.7

矿物质元素（无机盐）

钙（毫克）	301
锌（毫克）	3.99
铁（毫克）	8.1
钠（毫克）	59.2
磷（毫克）	216
钾（毫克）	610
硒（微克）	4.22
镁（毫克）	85
铜（毫克）	0.37
锰（毫克）	1.21

维生素 A（微克）………307

维生素 B₁（毫克）………0.05

维生素 B₂（毫克）………0.21

维生素 C（毫克）………10

维生素 E（毫克）………4.92

烟酸（毫克）………3.1

胆固醇（毫克）………—

胡萝卜素（微克）………1840

Ready

干黄花菜 10 克
猪肉 150 克
鸡蛋 2 个
黄瓜 1 根
黑木耳 5 克

葱段
姜丝
食盐
酱油
料酒
香油
水淀粉
食用油

> 清洗黄花菜时可以多洗几遍，将里面的有害物质如二氧化硫等彻底清洗掉。

美味你来尝
——小炒木须肉

STEP 01 把干黄花菜和木耳放入水中浸泡 2 个小时，等其充分泡开后清洗干净，沥干水分。把干黄花菜切成段备用，将木耳撕成小朵备用。

STEP 02 把黄瓜清洗干净，切成棱形片备用，将鸡蛋打入碗中，放适量食盐搅拌均匀。把猪肉清洗干净，切成片放入碗中然后倒入适量水淀粉、酱油腌制 15~20 分钟。

STEP 03 向锅内倒入适量食用油，油热后将蛋液倒入锅内炒熟后盛出。

STEP 04 再次向锅内倒入适量食用油，等油 5 成热后将腌制好的猪肉下锅翻炒，变色后放入葱段和姜丝，调入料酒翻炒，之后下木耳和黄花菜翻炒 1 分钟，最后放入黄瓜片和鸡蛋翻炒均匀，淋上少许香油炒均匀后即可出锅。

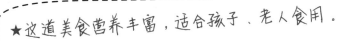

★这道美食营养丰富，适合孩子、老人食用。

白萝卜干
储藏方法很重要

学名	白萝卜干
别名	干萝卜、萝卜干
品相特征	片状或者条状
口感	浓郁的香气，口感爽滑、清脆

新鲜多汁的白萝卜深受人们喜爱，不过白萝卜干的受欢迎程度也不亚于白萝卜。在市场上，白萝卜干的品种很多，其制作方法和工艺也不尽相同，大家在挑选时，一定要认真分辨，挑选出健康、安全的白萝卜干。

好白萝卜干？坏白萝卜干？这样来分辨

NG挑选法

✗颜色发白——质量较次，可能使用了化学原料，最好不要选购。

✗水分多，没有韧性，一撕就断——制作方法不当，质量较次。

✗表面有白色霉斑或者黑点——已经变质，不适合食用。

✗没有香气甚至有霉味——属于次品，不宜选购。

OK 挑选法

整体看，外皮完整，没有霉斑

气味清香，没有异味

用手掂时，质地较轻，水分含量较少

颜色金黄色，表面有光泽

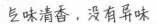

一次吃不完，这样来保存

白萝卜干本身就是保存白萝卜的一种方法。不过如果在保存白萝卜干时使用的方法不恰当，那也可能让它发霉、变质。

在保存时，我们可以把晒干的白萝卜干装入保鲜袋内，密封好后放到阴凉、通风、干燥的地方存放。另外，我们也可以把白萝卜干放入瓷坛或者大缸内，把它压实，然后把缸口或者瓷坛口密封好，放到阴凉、通风、干燥的地方保存。

这样吃，安全又健康

在食用萝卜干之前需要把它清洗一下，因为在其制作过程中难免会沾上空气中的灰尘或者细菌。在清洗时，用流动的清水反复冲洗，并用手轻轻揉搓就可以了。食用之前需要用清水将其泡发。

众所周知，新鲜的白萝卜中含有多种有益身体的营养元素，而白萝卜干并不比它逊色。白萝卜干中不但含有蛋白质、胡萝卜素以及抗坏血酸等成分，还富含人体所需的矿物质元素。不仅如此，它含有的维生素 B 比新鲜的白萝卜还要高呢。它在降血脂、降血压、生津开胃、防暑消炎、化痰止咳等方面有一定的食疗功效。另外，它含有的胆碱物质对减肥有一定的作用。它富含的糖化酶能有效分解淀粉，促进人体营养元素的吸收。值得注意的是，白萝卜干属于腌制食品类，不要大量食用，以免诱发癌症。

tips

白萝卜干的搭配·小·贴士：

- 白萝卜干 + 鸡蛋 —— 消食开胃，营养健脑。

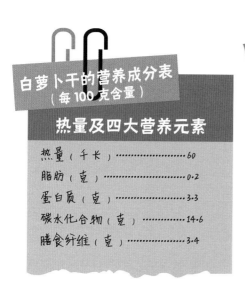

白萝卜干的营养成分表
（每100克含量）

热量及四大营养元素

热量（千卡）	60
脂肪（克）	0.2
蛋白质（克）	3.3
碳水化合物（克）	14.6
膳食纤维（克）	3.4

矿物质元素（无机盐）

钙（毫克）	53
锌（毫克）	1.27
铁（毫克）	3.4
钠（毫克）	4203
磷（毫克）	65
钾（毫克）	508
硒（微克）	-
镁（毫克）	44
铜（毫克）	0.25
锰（毫克）	0.87

维生素A（微克）·········-
维生素B₁（毫克）·········0·04
维生素B₂（毫克）·········0·09
维生素C（毫克）·········17

维生素E（毫克）·········-
烟酸（毫克）·········0·9
胆固醇（毫克）·········
胡萝卜素（微克）·········

美味你来尝
——凉拌白萝卜干

Ready

白萝卜干 150 克
蒜 2 瓣

生抽
醋
芝麻油
麻辣酱

STEP 01 把白萝卜干清洗干净，用水泡发，发开后捞出沥干水分，切成小段，放入大碗中备用。把蒜切成末备用。

STEP 02 向小碗内倒入生抽、醋、芝麻油和蒜末、然后将麻辣酱放入碗内搅拌均匀。

STEP 03 把上面调好的酱汁倒入大碗中搅拌均匀就可以食用了。

白萝卜干一定要充分泡发，这样口感才会清脆。

★这道美食清脆爽口，在开胃助消化方面有一定功效，也适合减肥的朋友食用。

红薯干
美味、健康的小食品

学名	红薯干
别名	地瓜干
品相特征	条状、块状、片状，橘红色
口感	味道甘甜

红薯干是以红薯为原料加工而成的，是一种纯天然、口感甜美、备受人们喜爱的小食品。正是因为人们对它的喜爱，一些不法商贩为了谋取暴利，在制作时就选择变质甚至发霉的红薯作原料。因此在挑选或食用红薯干时，我们一定要谨慎小心。

好红薯干？坏红薯干？这样来分辨

❌ 颜色异常光亮，鲜黄色——可能人为处理过，质量较次，最好不要购买。

❌ 表皮上有红薯皮——制作工艺粗糙，口感较差，最好不要购买。

❌ 表皮上有黑色的小霉点——发霉或者变质的，不宜购买。

❌ 闻起来有异味或霉味——使用过化学原料或者已经变质。

OK挑选法

闻味清香

整体看较为干净，没有杂质或表皮

尝起来口感甜美，质地较为柔韧

颜色多为橘红色，有自然的光泽，附有白霜

一次吃不完，这样来保存

　　红薯干按包装分为散装和袋装。散装的水分比较足，而袋装则水分较少。袋装的红薯干保存起来比较方便，我们直接把它放到通风、阴凉、低温、干燥的环境中就可以了。

　　如果是散装的红薯干，因为其水分含量较高，所以在保存之前要把它彻底晾干，之后再把它装入密封袋内，密封好后放到冰箱冷藏室保存。如果短时间无法吃完，那密封好后可以放到冰箱冷冻保存。需要注意的是，在冷藏室保存时一定不要让它受潮，一旦受潮发霉就不能再食用了。

这样吃，安全又健康

　　一般而言，在食用红薯干之前不需要清洗。如果你觉得不是很干净，可以清洗，但是在食用之前还需要晒干，不然会影响口感。如果是自己在家制作红薯干，可以在晾晒时将纱布盖在红薯上，以免沾染上空气中的灰尘。

红薯干含有丰富的维生素和微量元素，在促进肠道蠕动、补中益气、提升免疫力以及抵抗衰老、预防动脉硬化等方面功效比较突出。红薯干是一种低热量、低脂肪的食品，可以说是理想、低廉的减肥佳品，减肥人士不妨试一试。值得注意的是，红薯干虽然是天然、健康的小食品，不过在吃的时候一定要控制量，也不要空腹食用。

红薯干的营养成分表
（每100克含量）

热量及四大营养元素

热量（千卡）	340
脂肪（克）	0.8
蛋白质（克）	4.7
碳水化合物（克）	80.5
膳食纤维（克）	2

矿物质元素（无机盐）

钙（毫克）	112
锌（毫克）	0.35
铁（毫克）	3.7
铢（毫克）	26.4
钠（毫克）	115
磷（毫克）	353
钾（毫克）	2.74
硒（微克）	102
镁（毫克）	2.64
铜（毫克）	1.14
锰（毫克）	1.14

维生素以及其他营养元素

营养元素	含量	营养元素	含量
维生素A（微克）	25	维生素E（毫克）	0.38
维生素B₁（毫克）	0.15	烟酸（毫克）	1.1
维生素B₂（毫克）	0.11	胆固醇（毫克）	
维生素C（毫克）	9	胡萝卜素（微克）	150

美味你来尝

——美味红薯干

Ready

红薯 2 个

黄油
白砂糖

用清水浸泡
主要是将红
薯的淀粉浸
泡出来。

STEP 01 把红薯清洗干净，用刀切成厚薄相同的薄片。

STEP 02 把切好的红薯片放入盆中，倒入适量清水浸泡。

STEP 03 把浸泡好的红薯捞出来，用厨房用纸擦掉水分，摆放到烤盘内。

STEP 04 把黄油加热融化后晾凉，用刷子在每个红薯上刷上适量黄油，然后撒上适量白砂糖。

STEP 04 把烤盘放入烤箱内，调制 150℃ 烤 20 分钟左右。烤好后拿出来晾凉即可享用。

★ 低脂肪、低热量的红薯干吃起来甘甜香脆，是不错的小食品。

Part2 干蔬 101

莲子
强心、安神，有效抗衰老

学名	莲子
别名	白莲、莲实、莲米、莲肉
品相特征	椭圆形或类球形
口感	味道稍甜，口感较涩

莲子是莲成熟的种子经过晒干而成。它虽然模样不出众，不过食疗功效却很显著，因此备受人们喜爱。为了购买到质量好的莲子，大家一定要认真挑选。

好莲子？坏莲子？这样来分辨

NG 挑选法

❌ 颜色发白，全身颜色统一、鲜亮——可能是漂白的莲子，属于次品。

❌ 散发着刺鼻的味道——可能是漂白的莲子，营养价值比较低。

❌ 用手抓莲子时没有发出清脆的响声——商家可能喷洒了少量的水，不容易保存。

❌ 果形干瘪——可能是采摘没有成熟的莲子制作而成或是生虫子了，不要购买。

散发着莲子独特
的清香味

整体看果形饱满、
圆润，大小均匀

表皮略微为黄色，整体颜
色并不统一，纹理细致

用手抓起时，莲子会发
出咪咪的清脆的响声

一次吃不完，这样来保存

　　如果保存莲子的环境选错了，那莲子的口感和营养都会大打折扣的，尤其是在闷热潮湿的夏季。莲子是最怕潮湿闷热的，一旦遇潮便会生虫，而遇到闷热的天气就会导致莲子内莲心的苦味渗透到莲子肉上，从而影响口感。

　　恰当的保存方法是：把干燥的莲子装入密封的袋子内，扎紧袋口后放到阴凉、通风、干燥的地方就可以了。

　　一旦莲子生虫，可以把它拿出来放到阳光下晒一晒，等到热气散尽后装入袋子内保存就可以了。如果不想晒太阳，也可以把它放到烤箱内烘烤一下，不过这样会破坏它的营养成分。

这样吃，安全又健康

　　在用莲子制作美食之前，我们需要清洗一下莲子，把附着于表面的尘土或有害物质清洗掉，从而保证莲子干净、安全。在清洗已经剥掉外皮的莲子心时，大家可以用清水反复冲洗几遍，再用清水浸泡发开就可以了。

如果莲子没有剥掉外皮，首先要将外皮剥掉。因为莲子的外皮很薄，剥起来比较费力。下面我们就向大家介绍一种快速剥莲子皮的方法：

把莲子用清水冲洗一下，然后放入加了食用碱的开水中浸泡一会儿，捞出后放到淘米盆内用力揉搓就可以把外表的皮去掉了。

tips

莲子的搭配·小·贴士：

- 莲子＋山药——前者可以补脾益肾，后者能够健脾胃，两者一起食用，可以达到健脾胃、补肾的作用。

莲子中富含大量营养元素，除了多种矿物质元素之外，还含有丰富的维生素，有防癌抗癌、强心安神、清热泻火以及预防遗精、滋补身体等功效。它还是高血压患者的食疗佳品。不过，大便干燥、脾胃功能不好的朋友并不适合吃它。

莲子的营养成分表（每100克含量）

热量及四大营养元素

热量（千卡）	344
脂肪（克）	2
蛋白质（克）	17.2
碳水化合物（克）	67.2
膳食纤维（克）	3

矿物质元素（无机盐）

钙（毫克）	97
锌（毫克）	2.78
铁（毫克）	3.6
硒（毫克）	5.1
钠（毫克）	550
磷（毫克）	846
钾（毫克）	3.36
硒（微克）	242
镁（毫克）	1.33
铜（毫克）	8.23
锰（毫克）	

维生素 A（微克）……… -	维生素 E（毫克）… 2.71
维生素 B₁（毫克）……… -	烟酸（毫克）……… 4.2
维生素 B₂（毫克）… 0.09	胆固醇（毫克）……… -
维生素 C（毫克）……… 5	胡萝卜素（微克）……… -

美味你来尝
——银耳莲子木瓜羹

Ready

莲子 10 克
银耳半个
木瓜半个

枸杞
冰糖

STEP 01 把莲子清洗干净，放到水中浸泡至发胀为止。把银耳放入水中泡发，之后捞出清洗干净后切碎备用。把木瓜去籽去皮后切成小块备用。将枸杞用清水冲洗一下。

STEP 02 把清洗干净的莲子和银耳一同放入锅内，倒入适量清水用大火煮沸后加入冰糖和木瓜煮开，然后调成小火熬煮 20 分钟左右。

STEP 03 最后放入清洗干净的枸杞再煮 10 分钟就可以享用了。

如果喜欢喝浓稠的汤汁，在关火后需要再焖 30 分钟左右。

★这道美食尤其适合高血压患者食用。

笋干
看、闻、摸，挑出佳品

学名	笋干
品相特征	直的、弯的、扁的、片状等
口感	有咸淡之分

笋干是用新鲜的竹笋经过加工制作而成，是一种备受人们欢迎的健康天然食品。

好笋干？坏笋干？这样来分辨

OK挑选法

闻味道．闻起来有清新的香味，没有异味或霉味

看外观．以浅棕黄色或琉璃黄色为主，有自然、均匀的光泽

看肉质．肉质肥厚，笋节较密，没有虫眼或霉斑

摸竹笋．笋干容易折断、粗短，有清脆的响声

在保存笋干时，首先要把它晒得很干，然后把笋干装入密封袋内，抓紧袋口后放在阴凉、通风、干燥的地方就可以了。

这样吃，安全又健康

清洗：在泡发之前需要用清水把笋干冲洗一下，这样才能把其表面的灰尘和一部分有害物质清洗掉。

食用禁忌：笋干含有多种营养元素，在促进消化、防便秘等方面有不错的功效，因此不适合胃溃疡、十二指溃疡等患有肠胃疾病的朋友吃。

tips

笋干的功效：

清热降暑，化痰去烦、生津助消化，利尿，减肥，防癌抗癌等。

健康吃法：想要吃到美味的笋干，泡发是必不可少的一步。在泡发时，先把笋干放入温水中浸泡 1~2 天，捞出后再用沸水煮 2 个小时左右，之后再用水浸泡 2~3 天，只有经过这样处理的笋干才能发足、发透，口感和营养才能达到最佳。

笋干的营养成分表
（每100克含量）

热量及四大营养元素

热量（千卡）	43
脂肪（克）	0.4
蛋白质（克）	2.6
碳水化合物（克）	18.6
膳食纤维（克）	11.3

矿物质元素（无机盐）

钙（毫克）	42
锌（毫克）	0.23
铁（毫克）	3.6
钠（毫克）	1.9
磷（毫克）	29
钾（毫克）	66
硒（微克）	5
镁（毫克）	0.04
铜（毫克）	0.54
锰（毫克）	

维生素 A（微克）………-		维生素 E（毫克）………2.24	
维生素 B_1（毫克）………0.04		烟酸（毫克）………0.1	
维生素 B_2（毫克）………0.07		胆固醇（毫克）………-	
维生素 C（毫克）………1		胡萝卜素（微克）………-	

美味你来尝
——笋干烧肉

Ready

五花肉 500 克
笋干 35 克

葱段
姜片
生抽
料酒
鸡精
食用油
食盐

制作前 1~2 天就需要浸泡笋干，这样才能把笋干泡软。

STEP 01 把笋干用水泡发好，切成小段备用，把五花肉清洗干净切成小方块备用。

STEP 02 把五花肉放入沸水焯一下，捞出沥干水分备用。

STEP 03 向锅内倒入适量食用油，油 5 成热时下姜片爆香，之后放入五花肉翻炒至金黄，之后放入少许料酒、生抽翻炒至完全上色。

STEP 04 等肉上色后，倒入适量清水烧开，撇去浮沫后放入鸡精、葱段和切好的笋干，用大火煮沸后调成小火炖煮 60 分钟左右，最后调入适量食盐就可以了。

★ 美味营养的笋干烧肉在助消化、开胃方面有不错的功效。

梅干菜
开胃消食，别有一番风味

学名	梅干菜
别名	乌干菜、干冬菜、咸干菜、梅菜、霉干菜
品相特征	菜形完整，色泽黄亮

梅干菜是芥菜或雪里蕻的茎或叶经过腌制、发酵、晒干后制作成的干货食品。

好梅干菜？坏梅干菜？这样来分辨

OK挑选法

看形状。菜形完整，大小均匀，没有杂质、碎枝、沙子等，营养比较丰富，口感也好

摸一摸。摸起来没有潮湿、油腻的感觉，质量上乘的梅干菜

看颜色。表面为黄中带黑，多为新品，质量、口感好并且营养丰富

闻味道。味道清香扑鼻，没有异味或者让人恶心的味道

一次吃不完，这样来保存

在存储时，如果是自己家制作的梅干菜，可以把它装入坛子内，密封好放到阴凉、通风的地方。如果是从超市购买的，有完整包装的梅干菜，在没有打开包装袋之前可以把它放到通风、阴凉处保存。如果已经打开，那需要将袋口密封好，再放到阴凉、通风的地方或冰箱冷藏保存。

这样吃，安全又健康

清洗： 梅干菜经过腌制、晒干，期间难免会沾上空气中的尘土或者有害物质，所以食用之前需要用清水冲洗干净。最好不要使用热水清洗，以免影响口感。

食用禁忌： 梅干菜能和多种蔬菜或肉类混合搭配制成美味佳肴。不过并不是所有的肉类都能同梅干菜一起烹饪出利于健康的美食，如羊肉就不可以，因为两者一起食用会造成胸闷。

tips 梅干菜的功效：

开胃消食，生津止渴，益血下气，补虚劳，医治嗓子不出声等。

健康吃法： 梅干菜拥有丰富的营养元素，独具风味的口感，备受人们喜爱。它既可以单独成菜、泡茶，也可以和其他食材搭配制作美食。五花肉是它最出色的搭配，两者搭配在一起烹饪出的"梅干菜焖肉"已经成为了经典菜肴之一。不仅如此，用长久保存的梅干菜泡茶喝，还能很好地治疗嗓子不发声呢。虽然梅干菜味道营养都不错，不过食用时也要控制好量，一般每餐 15~20 克最佳。

梅干菜的营养成分表
（每100克含量）

热量及四大营养元素

热量（千卡）	341
脂肪（克）	0.4
蛋白质（克）	2.5
碳水化合物（克）	83.4
膳食纤维（克）	1.6

矿物质元素（无机盐）

钙（毫克）	52
锌（毫克）	0.18
铁（毫克）	9.1
钠（毫克）	19.1
磷（毫克）	90
钾（毫克）	995
硒（微克）	2.74
镁（毫克）	45
铜（毫克）	0.48
锰（毫克）	0.39

维生素以及其他营养元素

维生素A（微克）·········· -	维生素E（毫克）·········· -
维生素B₁（毫克）·········· -	烟酸（毫克）·········· -
维生素B₂（毫克）·········· 0.09	胆固醇（毫克）·········· -
维生素C（毫克）·········· 5	胡萝卜素（微克）·········· -

美味你来尝
——梅干菜扣肉

Ready

五花肉 500 克
梅干菜 30 克

葱段
姜片
蒜瓣
八角
料酒
生抽
白糖
豆瓣酱

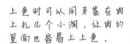

上色时可以用牙签在肉上扎几个小洞，让肉的里面也容易上上色。

 STEP 01 把梅干菜清洗干净，放入冷水中浸泡 10 分钟左右捞出沥干水分备用。

 STEP 02 将五花肉清洗干净后放到锅内，加适量水后放入葱段、姜片、八角和适量料酒用大火煮 30 分钟左右。关火后，把五花肉捞出来，用生抽和豆瓣酱给五花肉全部上色。

 STEP 03 向锅内倒入适量食用油，油热后把上色的五花肉放到锅内用油煎至金黄，捞出沥干油分后用刀子切成薄片，然后猪皮向下摆放到盘子内。

 STEP 04 锅内倒入适量食用油，油热后下蒜瓣爆香，之后把清洗干净的梅干菜放入锅内翻炒，加入料酒、生抽、白糖调味后即可出锅。需要注意的是，将炒熟的梅干菜内的蒜瓣挑出来。

 STEP 04 将炒熟的梅干菜放到摆放好的五花肉上，上蒸锅蒸 60~70 分钟，蒸好后把肉和梅干菜倒扣到另一个盘子内就大功告成了。

★味道鲜美的梅干菜搭配上滋阴润燥、补肾养血的五花肉真是一道营养丰富的佳品。

学名	香菇
别名	花蕈、香信、椎茸、冬菰、厚菇、花菇
品相特征	伞形，黄褐色或黑褐色
口感	味道鲜香，口感细滑

香菇之所以有此名，那是因为它含有一种特殊的香气。香菇素有山珍的美称，在古代就被列入到了贡品的行列。它丰富的营养和鲜美的味道受到了众人的喜爱。

好香菇？坏香菇？这样来分辨

NG 挑选法

❌ 伞盖黑色，菌褶暗黄色——可能是陈旧的香菇，有些营养成分遭到了破坏。

❌ 闻起来没有香气，甚至有霉味或者异味——质量较次的香菇，不宜购买。

❌ 伞盖缺失，菌柄细长，破损甚至有发霉的迹象——质量较次，口感和营养都比较差。

❌ 质地较脆，用手捏就碎——属于次品，水分含量太少，口感不佳。

OK挑选法

香气浓郁，有香菇特有的气味

菇形完整，伞盖较厚，没有完全开启，边缘内卷

菌柄粗短、肥厚

伞盖黄褐色或黑褐色，光泽均匀，表面有白霜

菌褶淡黄色或乳白色，整齐、细密

一次吃不完，这样来保存

香菇的干品保存起来并不容易，因为它具有超强的吸附性，不但能吸附潮气，还能吸食各种味道，这不仅会让它受潮变质，还会导致串味。因此大家在保存香菇时一定要选择恰当的方法。

方法一：把香菇装入密封的玻璃瓶内，同时往瓶子内放入一小袋食品干燥剂，把盖子盖好后放到阴凉、通风、干燥的地方。如果存放时间较长，每月要在阳光下晾晒一次。

方法二：把香菇装入密封袋内，排尽空气密封好袋口后放到冰箱冷藏或者冷冻保存。

值得注意的是，在保存时，为了防止串味一定要将其单独存放。

这样吃，安全又健康

干香菇在食用之前需要清洗，因为干香菇中会掺有杂质或者沙子，清洗不干净会影响口感。

在清洗香菇时，把香菇放入清水中浸泡一会儿，之后用筷子轻轻搅动水，让香菇本身携带的沙子掉落到水中，再用清水冲洗一下即可。如果香菇本身比较干净，那可以直接用清水冲洗几遍，这样能最大限度地保留它的营养成分。

清洗干净的香菇可以再次放入清水中浸泡，直到变软为止。

快速泡发香菇法：把香菇放入带有盖子的密封容器内，倒入没过香菇的清水，盖上盖子后用力摇晃几分钟就可以了。需要注意的是，倒入盒子内的水不能太满，摇晃时要用力。

香菇中氨基酸和谷氨酸的含量非常丰富，在降血压、降血脂和降低胆固醇以及防癌抗癌方面的作用较为显著。它在延缓衰老和提高身体免疫力方面也有一定的作用。消化不良和便秘的朋友不妨吃一些香菇。此外，患有皮肤瘙痒、痛风、脾胃寒湿的朋友不能食用，以免导致病情加重。

tips
香菇的搭配小贴士：

- 香菇＋四季豆——前者可以防癌抗癌，后者能够安养精神，两者一起食用，可以起到抗癌、抗衰老的作用。

香菇的营养成分表
（每100克含量）

热量及四大营养元素

热量（千卡）	211
脂肪（克）	1.2
蛋白质（克）	20
碳水化合物（克）	61.7
膳食纤维（克）	31.6

矿物质元素（无机盐）

钙（毫克）	83
锌（毫克）	8.57
铁（毫克）	10.5
钠（毫克）	11.2
磷（毫克）	258
钾（毫克）	464
硒（微克）	6.42
镁（毫克）	147
铜（毫克）	1.03
锰（毫克）	5.47

维生素A（微克）·········3

维生素B₁（毫克）·········0.19

维生素B₂（毫克）·········1.26

维生素C（毫克）·········5

维生素E（毫克）·········0.66

烟酸（毫克）·········20.5

胆固醇（毫克）·········—

胡萝卜素（微克）·········20

美味你来尝
——鸡块炖蘑菇

Ready

鸡块 300 克
干香菇 5 朵
新鲜香菇 5 朵
平菇 1 大朵
蒜 3 瓣

生抽
料酒
食用油
食盐

浸泡的干香菇要沉淀后再使用，以免有沙子或杂质进入食物中。

STEP 01 把鸡块清洗干净，放入沸水中焯一下，撇去浮沫后捞出沥干水分备用。

STEP 02 把干香菇稍微泡发一下，清洗干净后放入清水中再继续泡发，直到变软为止。把新鲜香菇清洗干净，切成小块备用，把平菇清洗干净，掰开备用。将蒜切成末备用。

STEP 03 向锅内倒入适量食用油，油热后放蒜末爆香，之后把焯好的鸡块放入锅内翻炒，倒入生抽上色，翻炒片刻后倒入料酒翻炒，之后把干香菇连同浸泡的水一起倒入锅内。

STEP 04 大火煮沸后把新鲜香菇和平菇倒入锅内，煮沸后调成小火炖 30 分钟左右就可以了。

★这道美食营养丰富适合有高血脂、动脉硬化者食用。

黑木耳
颜色并非越黑越好

学名	黑木耳
别名	木耳、光木耳
品相特征	角质，腹部凹陷，背部突出
口感	味道鲜美，口感爽滑

　　新鲜的黑木耳不能直接食用吗？回答是肯定的，因为新鲜的黑木耳中含有一种光感物质，人食用后在阳光照射下会引起皮肤疾病，而这种物质经过暴晒后含量会降低，泡发时剩余的部分也会溶于水中，所以黑木耳的干货食用起来是安全、健康的。不过大家在选购时要认真分辨，以免买到假的黑木耳。

好黑木耳？坏黑木耳？这样来分辨

❌ 颜色异常黑，表面光泽度高，有结块——可能是经过硫磺熏制的，不宜购买。

❌ 颜色灰褐色或棕色，朵形小、碎——质量较次，口感和营养都比较差。

❌ 用手捏时不容易破碎——水分含量较高，不容易保存。

❌ 闻起来有酸味或臭味——变质或存放时间太长的黑木耳，属于次品。

❌ 用舌头舔背面有酸味、涩味或刺激的味道——浸泡过明矾，品质比较差。

OK 挑选法

气味清香，没有
酸味或臭味

颜色为深黑色或紫黑色，有
均匀的光泽，背面颜色浅

耳瓣舒展，大小均匀，
没有结块的现象

用手捏时容易破碎，
质量比较轻

一次吃不完，这样来保存

　　保存黑木耳时，如果选择的保存环境不正确，那很容易让黑木耳发霉变质，特别是在闷热的夏季。很多人买回散装的黑木耳时就将其留在食品袋内置之不理，其实这种做法是不正确的。

　　恰当的做法是：把干燥的黑木耳装入密封袋内，排尽空气、密封好袋口，放到阴凉、干燥、通风的环境中保存。如果一次买了很多，那可以把黑木耳放入铺了柔软白纸的纸箱内，把纸箱密封好后放到阴凉、通风、干燥的地方保存。

这样吃，安全又健康

黑木耳泡发后其体积会是现有
的3~5倍，所以大家在泡发时
要根据需要泡发。

　　黑木耳质地脆，如果不经过泡发就清洗很容易弄碎。所以清洗之前需要先泡发，之后再使用正确的方法清洗。

　　泡发的方法：把黑木耳放入容器内，倒入适量冷水或者温水浸泡一段时间，等耳瓣彻底胀开后就可以了。如果想要快速泡发，可以把黑木耳放入保鲜盒内再倒入40℃的水焖泡。需要注意的是，泡发时不要用开水，以免营养大量流失。

　　清洗的方法：

　　方法一：把黑木耳放入水中稍微泡发一会儿，等稍微胀开后用清水反复冲洗，之后再将蒂部剪掉，继续泡发就可以了。

方法二：把黑木耳放入水中彻底泡发开后放入搅拌了少许面粉的水中浸泡10分钟，并轻轻搅动，之后再用清水一片片清洗干净即可。

黑木耳有着"素中之荤"、"素中之王"的美称，可见它的营养元素是多么丰富。它富含的铁元素，不但能让肌肤容光焕发，还能达到补血的功效。它含有的维生素 K 在预防血栓、动脉粥样硬化和冠心病方面效果也不错。它还是减肥人士首选的食材。此外，它在预防癌症、便秘方面的作用也不容小觑。不过，出血性中风的朋友不宜多吃黑木耳。

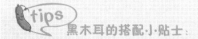

tips

黑木耳的搭配·小·贴士：

- 黑木耳＋豇豆——前者具有益气润肺、降脂减肥、凉血止血的功效，后者在解渴健脾、益气生津方面有不错的功效，两者同食有预防高血脂、高血压、糖尿病的作用。

黑木耳的营养成分表
（每100克含量）

热量及四大营养元素

热量（千卡）	205
脂肪（克）	1.5
蛋白质（克）	12.1
碳水化合物（克）	65.6
膳食纤维（克）	29.9

矿物质元素（无机盐）

钙（毫克）	247
锌（毫克）	3.18
铁（毫克）	97.4
钠（毫克）	48.5
磷（毫克）	292
钾（毫克）	757
硒（微克）	3.72
镁（毫克）	152
铜（毫克）	0.32
锰（毫克）	8.86

维生素以及其他营养元素

维生素 A（微克）………17		维生素 E（毫克）………11·34	
维生素 B₁（毫克）………0·17		烟酸（毫克）………2·5	
维生素 B₂（毫克）………0·44		胆固醇（毫克）……—	
维生素 C（毫克）……—		胡萝卜素（微克）………100	

美味你来尝
——凉拌黑木耳

Ready

干黑木耳 10 朵
红椒 20 克
蒜 2 瓣

芝麻
白糖
生抽
香醋
香油适量

黑木耳的坚硬的蒂部要
去掉，以免影响口感。

STEP 01 把黑木耳放入水中泡发，清洗干净去掉蒂，掰成小朵备用。

STEP 02 把红椒清洗干净，切成末放入小碗中。把蒜切成末放入碗中。同时向碗中倒入生抽、香醋、白糖、香油搅拌均匀后备用。

STEP 03 向锅内注入清水，水沸后把黑木耳放入锅内焯熟，捞出来放入冷水中浸泡。

STEP 04 把浸泡的黑木耳捞出来，沥干水分后放入大碗中，把调好的汁倒入大碗中搅拌均匀，撒上芝麻即可享用。

★ 这道美食味道鲜美，口感爽滑，减肥的朋友不妨试一试。

银耳
异味浓重不要买

学名	银耳
别名	白木耳、雪耳、银耳子
品相特征	菊花状或鸡冠状，乳白色或白色
口感	味道淡，稍甜

银耳又被叫做白木耳，因为它的外形同黑木耳相似。很多人尤其是爱美的女士非常喜欢吃银耳，正是因此，一些商家为了让它的外形更美丽会使用硫磺熏制，这样的银耳食用后会对身体产生不良的影响。所以我们无论是购买还挑选银耳，都要把健康和安全放到第一位。

好银耳？坏银耳？这样来分辨

NG挑选法

❌ 颜色发白——可能用硫磺熏过，质量次，最好不要吃。

....

❌ 闻起来有霉味、酸味甚至刺鼻的浓郁味道——变质或用硫磺熏过，不能购买。

....

❌ 用手摸时有潮湿的感觉——不够干燥，品质较次。

....

❌ 朵形不完整，耳朵薄且有损坏，蒂部有杂质——质量差，属于次品。

....

乞味清香，没有酸味、霉味等

整朵为淡黄色或白色中带有黄色

耳朵的肉质较厚，干燥且完整

朵形完整，大且松散，蒂头没有杂质

一次吃不完，这样来保存

　　保存银耳的时候，防潮是非常重要的一个环节。保存时，我们可以把银耳放入玻璃瓶内，密封好放到阴凉、通风、干燥的地方存放。如果家里没有储存罐，那可以放到密封袋内，把空气排尽，密封好后放到阴凉、通风、干燥的地方。

　　泡发好的银耳最好一次性吃完，如果没有吃完，那可以把它沥干水分，用保鲜膜完全包裹起来，放到冰箱保鲜室保存。

这样吃，安全又健康

　　银耳本身非常干燥，也很容易碎，所以在泡发其干品之前不适合清洗。但是这并不代表食用银耳之前不需要清洗，而是要选择好清洗的时间——泡发后再清洗。清洗时要轻柔不要大力揉搓，以免将银耳弄坏。

　　泡发银耳的方法：把银耳放入凉水中浸泡 1~2 个小时即可。如果是在严寒的冬季则可以选择用温水浸泡。泡发后用冷水反复清洗几遍，把没有泡开的部分和蒂部去掉，只有这样才能把银耳煮软。需要注意的是，银耳泡发后会变多，所以需要根据使用量来泡发。

银耳含有多种氨基酸和矿物质元素，有提高肝脏解毒能力，清燥热、健脾胃，提升身体免疫力以及放疗、化疗的耐受力等作用。爱美和减肥的朋友不妨多吃一些，因为长期食用银耳能达到滋润肌肤，清除黄褐斑、减肥等作用。此外，变质的银耳多是受到有毒素的醉琳两杆菌侵袭所致，食用后很有可能导致中毒。

银耳的搭配·小·贴士：

- 银耳 + 菊花——前者能清热润燥，后者具有散风清热的作用，两者同食能达到润燥除烦的效果。
- 银耳 + 百合——银耳具有滋阴润肺的作用，百合在润肺止咳方面效果显著，两者同食能达到滋阴润肺的作用。

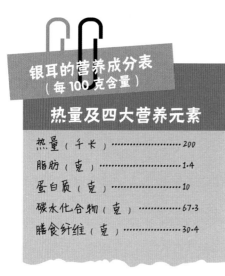

银耳的营养成分表
（每 100 克含量）

热量及四大营养元素

热量（千卡）	200
脂肪（克）	1.4
蛋白质（克）	10
碳水化合物（克）	67.3
膳食纤维（克）	30.4

矿物质元素（无机盐）

钙（毫克）	36
锌（毫克）	0.03
铁（毫克）	4.1
铢（毫克）	82.1
钠（毫克）	369
磷（毫克）	1588
钾（毫克）	2.95
硒（微克）	54
镁（毫克）	0.08
铜（毫克）	0.17
锰（毫克）	

维生素以及其他营养元素

维生素 A（微克）..........8	维生素 E（毫克）..........1.26
维生素 B₁（毫克）..........0.05	烟酸（毫克）..........5.3
维生素 B₂（毫克）..........0.25	胆固醇（毫克）..........—
维生素 C（毫克）..........—	胡萝卜素（微克）..........50

美味你来尝
——冰糖银耳雪梨羹

Ready

银耳 5 朵
雪梨 1 个
凤梨罐头半瓶
枸杞 5 克

冰糖

如果喜欢吃雪梨的皮，那可以将其带皮切成小块。

STEP 01 把银耳放入水中浸泡发开后，将其清洗干净，之后掰成小朵备用。

STEP 02 把雪梨去皮，切成小块备用。将枸杞清洗干净，沥干水分备用。

STEP 03 向锅内倒入适量清水，把银耳放入锅内，大火煮沸后把雪梨和凤梨罐头倒入锅内，煮沸后调成小火熬煮。

STEP 04 关火前 5 分钟下枸杞和冰糖后搅拌均匀，熬煮冰糖至融化即可。

★酸甜的冰糖银耳雪梨羹在润肺止咳、清热除燥方面功效较为显著。

枸杞子
晒一晒更容易贮存

学名	枸杞子
别名	苟起子、枸杞红实、狗奶子、枸蹄子、枸杞果、地骨子、红耳坠、血枸子、枸杞豆、血杞子、津枸杞
品相特征	卵圆形、椭圆形或阔卵形，红色或者橘红色
口感	味道甘甜

枸杞子是茄科植物枸杞的果实经过晾晒制作而成的一种药食两用的食物。枸杞子在生活中是很常见的一种食材，用它煮粥或烹饪肉品都是不错的选择。

好枸杞子？坏枸杞子？这样来分辨

NG 挑选法

- ❌ 颜色异常鲜红，外表光亮——可能是染色的枸杞子，属于次品。

- ❌ 蒂部的白点为红色——染色的枸杞子，营养口感都比较差。

- ❌ 闻时有强烈刺鼻的味道——被硫磺熏过的，属于次品。

- ❌ 尝起来味道酸涩甚至有苦味——浸泡过白矾或用硫磺熏过，质量较次。

- ❌ 用手抓一把捏一下全部粘到一起——水分含量比较多，不容易保存。

- ❌ 切开后枸杞籽很多，皮比较厚——属于次品，不要购买。

气味清香，没有刺鼻或辛辣的味道

颜色红中稍微有点发黑，光泽自然

颗粒尖端有白色斑点

颗粒大小均匀，不要选择颗粒太大的

摸时不粘手，抓一把捏时松手会散开

切开后籽较少，皮较薄

一次吃不完，这样来保存

　　枸杞子是晒干的枸杞果实，在保存之前，一定要确保枸杞子彻底晒干了。如果枸杞子较为潮湿，那需要再晒一晒。晒干的枸杞子可以用下面的方法保存:

　　密封保存法。把枸杞子装入密封的玻璃瓶或者塑料瓶中，盖紧盖子即可。需要注意的是，保存的容器要确保干燥，每次拿完之后要把盖子盖紧。

　　密封袋真空保存法。把枸杞子装入密封袋内，将袋子内的空气排干净后密封好，放到阴凉、通风、干燥的地方或者冰箱冷藏室内保存。需要注意的是，要时刻检查袋子是否漏气了。

　　乙醇保存法。在需要保存的枸杞子上喷洒适量乙醇，搅拌均匀后装入密封袋内，把空气挤干净后密封保存就可以了。

这样吃，安全又健康

　　在食用枸杞子之前，我们需要先清洗枸杞子，把附着在它表面的尘土或者细菌清洗掉，保证枸杞子干净、卫生。一些人在清洗枸杞子时，喜欢将其长时间浸泡，殊不知这样不但不能把它清洗干净，甚至还会造成营养流失。清洗枸杞子正确的方法是：

将枸杞子用清水冲洗一下，放到水中浸泡1~2分钟，并用手轻轻揉搓，将表面的脏东西清洗下来。如果觉得这种方法不能彻底将其清洗干净，那可以把它放到混合了面粉的水中搅拌一下，捞出来再用清水冲洗干净就可以了。

枸杞子含有丰富的营养元素，有滋补肝肾、补气益精，抵抗肿瘤等功效。一些患有心血管疾病

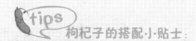

tips 枸杞子的搭配·小·贴士：

- 枸杞子＋决明子——两者在明目方面都有很好的功效，一起食用功效会更加。
- 枸杞子＋银耳——枸杞子在延缓衰老方面功效显著，而银耳具有滋养皮肤的功效，两者一起食用具有美容养颜的作用。

的朋友不妨吃些枸杞子，因为它在调节血糖、血脂，预防高血压、心脏病等方面有不错的功效。枸杞子最显著的作用还是明目，尤其适合患有慢性眼病的朋友食用，将其制作成枸杞蒸蛋是最好的食疗佳品。枸杞子属于温性食材，有腹泻、脾虚、感冒、身体发炎的朋友最好不要吃，也不要和同属温性的桂圆、红枣、红参一起吃，以免导致上火。此外，如果想要在充分吸收枸杞子营养的同时避免对身体造成伤害，那一定要控制食用的量，每天20克左右比较合适，最多不超过30克。

枸杞子的营养成分表（每100克含量）

热量及四大营养元素

营养元素	含量
热量（千卡）	258
脂肪（克）	1.5
蛋白质（克）	13.9
碳水化合物（克）	64.1
膳食纤维（克）	16.9

矿物质元素（无机盐）

钙（毫克）	60
锌（毫克）	1.48
铁（毫克）	5.4
钠（毫克）	252.1
磷（毫克）	209
钾（毫克）	434
硒（微克）	13.25
镁（毫克）	96
铜（毫克）	0.98
锰（毫克）	0.87

维生素 A（微克）·········1625	维生素 E（毫克）·········1·86
维生素 B₁（毫克）·········0·35	烟酸（毫克）·········4
维生素 B₂（毫克）·········0·46	胆固醇（毫克）·········-
维生素 C（毫克）·········48	胡萝卜素（微克）·········9750

美味你来尝

——枸杞子粥

Ready

粳米 100 克
枸杞子克 20 克

冰糖

 STEP 01　把粳米清洗干净，放到清水中浸泡 1 小时。

 STEP 02　把枸杞子清洗干净，沥干水分备用。

STEP 03　把浸泡过的粳米连同水一起放入锅内，加入枸杞子和冰糖，用大火煮沸后调成小火熬煮 20 分钟左右，关火后再焖 5 分钟左右就可以食用了。

清洗枸杞子时不要长时间浸泡，以免营养流失。

★这道美食制作方法简单，在滋阴补血、明目益精方面有不错的功效。

太子参
特别适合煲汤

学名	太子参
别名	孩儿参、童参、双批七、异叶假繁缕
品相特征	块根细条形或长的纺锤形

太子参因其为春秋时郑国太子治病而得名。它是一种细长条的块根。

在保存时，把太子参干品放入密封袋内，扎紧袋口后放到阴凉、避光、干燥的地方保存就可以了。

好太子参？坏太子参？这样来分辨

OK挑选法

尝味道。味道甘甜，没有异味或者发霉的味道

看形状。果形完整，形状细长或长纺锤形，根头部位钝圆形，下端细长

看颜色。颜色多为黄白色，半透明的形状，断面为白色

这样吃，安全又健康

清洗： 太子参清洗起来非常方便，把它用清水反复冲洗几遍就可以了。

食用禁忌： 太子参虽然营养和食疗功效都比较显著，不过因为其属性温热，所以不适合表实邪盛的朋友食用。

健康吃法： 太子参含有多种微量元素和氨基酸等，如果搭配的食材适宜，它的功效会加倍发挥出来。比如：太子参

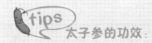

tips 太子参的功效

健脾益气，生津滋阴，治疗口干舌燥，心悸失眠、肺虚燥咳等。

同麦冬搭配，在滋阴补肺方面的功效会加倍，治疗肺虚咳嗽效果显著。太子参和黄芪或白术放到一起，补益的功效会大增。需要注意的是，太子参是一种特别适合煲汤的山珍。

太子参的营养成分表
（每100克含量）

热量及四大营养元素

热量（千卡）	341
脂肪（克）	0.4
蛋白质（克）	2.5
碳水化合物（克）	83.4
膳食纤维（克）	1.6

矿物质元素（无机盐）

钙（毫克）	52
锌（毫克）	0.18
铁（毫克）	9.1
钠（毫克）	19.1
磷（毫克）	90
钾（毫克）	995
硒（微克）	2.74
镁（毫克）	45
铜（毫克）	0.48
锰（毫克）	0.39

维生素 A（微克）·········—　　　维生素 E（毫克）·········—

维生素 B₁（毫克）·········—　　　烟酸（毫克）·········—

维生素 B₂（毫克）·········0.09　　胆固醇（毫克）·········—

维生素 C（毫克）·········5　　　胡萝卜素（微克）·········—

美味你来尝
——太子参百合汤

Ready

太子参 25 克
百合 15 克
罗汉果 1/4 个
猪肉 250 克

 STEP 01 把太子参清洗干净，把百合清洗干净，放入水中浸泡开。把 猪肉 清洗干净，切成小块备用。

 STEP 02 把猪肉放到沸水中焯一下，撇去浮沫后捞出备用。

 STEP 03 把上述食材放入炖锅内，倒入适量清水，大火煮沸后调成小火炖煮 2 个小时左右就可以吃了。

 如果不喜欢吃猪肉，可以用 2 根甜玉米替换。

★滋阴生津的太子参搭配上润肺的百合、罗汉果，烹饪出了一道营养美味的佳品。

竹荪
浸泡时间要掌握好

学名	竹荪
别名	竹参、面纱菌、网纱菌、竹姑娘、僧笠蕈、雪裙仙子
品相特征	同网状干白的蛇皮类似。

竹荪是一种珍贵的食用菌，在历史上曾经被列为"宫廷贡品"。竹荪的干品同鲜品在食疗功效和营养价值方面不相上下。

好竹荪？坏竹荪？这样来分辨

看形状。菇形完整，朵比较大，肉质厚实，营养和口感都比较好

看颜色。表面颜色多为黄色，如果发白而且非常白，可能是经过硫磺熏制的

闻味道。味道醇香、清甜，如果有刺鼻的味道，可能是被硫磺熏制过

一次吃不完，这样来保存

在存储时，如果存放的环境不当，竹荪发霉、变质的速度会加快。干竹荪存放时最好装入保鲜袋内，将里面的空气尽量挤出来，之后扎紧袋口，放到阴凉、通风、避光、低温的地方。一定不要把它放到高温潮湿、有阳光直射的地方。

这样吃，安全又健康

清洗： 菌类在食用之前一般都要清洗泡发，不过泡发的时间可以长短有别。清洗的方法都比较简单，用清水反复冲洗，把竹荪上的尘土冲洗掉就可以了。泡发时要严格控制时间，一般把它放到淡盐水中浸泡10分钟左右就可以了。

食用禁忌： 竹荪是一种属性寒凉的菌类，所以不适合脾胃虚寒和腹泻的朋友食用。

健康吃法： 要想吃到美味的竹荪，在烹饪之前需要把竹荪的菌盖顶部去掉，不然会有一种奇怪的味道。另外，竹荪同百合一起烹饪，润肺止咳的功效会更加显著。如果想要让营养元素的吸收率得到提高，我们可以把竹荪和鸡腿菇放到一起烹饪。

竹荪的功效：

滋补强壮，补脑凝神，益气健体，降血压、降血脂、保护肝脏，提高身体免疫力，抑制肿瘤，减肥等。

竹荪的营养成分表（每100克含量）

热量及四大营养元素

营养元素	含量
热量（千卡）	155
脂肪（克）	3.1
蛋白质（克）	17.8
碳水化合物（克）	60.3
膳食纤维（克）	-

矿物质元素（无机盐）

钙（毫克）	18
锌（毫克）	2.2
铁（毫克）	17.8
钠（毫克）	50
磷（毫克）	289
钾（毫克）	11882
硒（微克）	4.17
镁（毫克）	45
铜（毫克）	2.51
锰（毫克）	8.47

维生素 A（微克）......	-	维生素 E（毫克）......	-
维生素 B_1（毫克）......	0.03	烟酸（毫克）......	9.1
维生素 B_2（毫克）......	1.75	胆固醇（毫克）......	
维生素 C（毫克）......		胡萝卜素（微克）......	

美味你来尝
——竹荪银耳红枣羹

Ready

竹荪 10 克
银耳半个
红枣 5~6 颗

蜂蜜

STEP 01 把竹荪清洗干净，放入淡盐水泡发后，去掉菌盖头备用。把银耳泡发后，切成小朵备用。把红枣清洗干净，切成小块去核后备用。

STEP 02 把泡发好的竹荪、银耳以及切好的红枣放入锅内，倒入适量清水，用大火煮沸后调成小火熬煮 30~40 分钟即可。

STEP 03 温凉后调入蜂蜜搅拌均匀就可以享用了。

调入蜂蜜的时间一定要选对，温度太高时会破坏蜂蜜的营养成分。

★甘甜的竹荪银耳红枣羹在润肺止渴、降血压、降血脂方面有不错的功效。

猴头菇

强大的滋补功效

学名	猴头菇
别名	猴头菌、猴头蘑、刺猬菌、猬菌、猴菇
品相特征	似猴头，类刺猬，表面有绒毛状肉刺

猴头菇早在很久以前就已经走进了人们的饮食生活之中。因为它弥足珍贵，所以在寻常百姓家中很难见到。猴头菇的干品和鲜品在营养、功效上相差无几。

好猴头菇？坏猴头菇？这样来分辨

OK挑选法

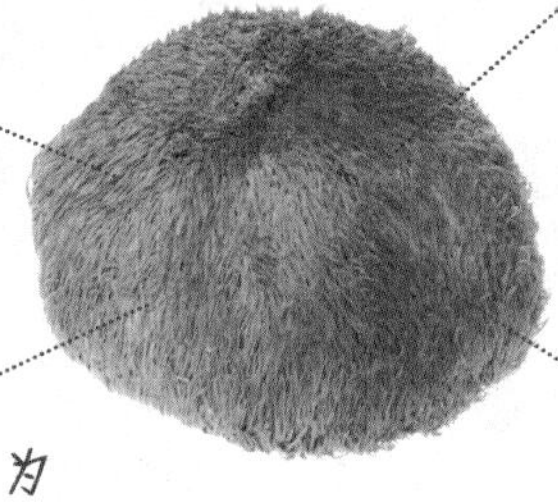

看形状。菇形完整，个头较大，多为圆形，没有缺损，没有杂质和虫蛀现象

尝味道。带有淡淡的苦味，说明是真的猴头菇

看颜色。表面多为浅棕色或者褐色

看绒毛。绒毛齐全、短小，质量比较好

一次吃不完，这样来保存

在保存时，首先要把买回的猴头菇晾晒或者风干一下，然后再把它装入保鲜袋内，放到阴凉、通风、干燥的地方就可以了。猴头菇并不是越干越好，一般九成干最佳。水分含量较高时，不容易保存。

这样吃，安全又健康

清洗： 干猴头菇在食用之前不但需要清洗，还要经过泡发。清洗时用凉水或者温水冲洗干净即可。泡发时，把清洗干净的猴头菇放入容器内，倒入开水焖泡3个小时以上，直到里面的硬心全部被泡开、变软为止。如果泡发不充分，那在烹饪时很难将其炒软。需要注意的是，泡发时不能用醋。

食用禁忌： 无论是干品还是鲜品，只要猴头菇变质，便不能食用，以免中毒。

健康吃法： 猴头菇虽然营养含量丰富，但是如果食用方法不正确，那它的营养是很难被人体吸收的。为了降低猴头菇苦涩的味道，在烹饪时需要放入白醋或料酒。想要消除它的苦味，我们还可以在烹饪前把猴头菇和姜、葱、料酒、高汤等放到容器内上蒸锅蒸片刻。猴头菇虽然美味营养，但也不能大量食用，每次以20克为宜。

> tips
> **猴头菇的功效：**
>
> 帮助消化，益肝脾、消宿毒，养护肠胃，降低胆固醇含量，保护心血管，提升免疫力，防癌抗癌、预防衰老等。

猴头菇的营养成分表
（每100克含量）

热量及四大营养元素

营养元素	含量
热量（千卡）	323
脂肪（克）	4.2
蛋白质（克）	26.3
碳水化合物（克）	44.9
膳食纤维（克）	6.4

矿物质元素（无机盐）

钙（毫克）	2
锌（毫克）	18
铁（毫克）	
钠（毫克）	850
磷（毫克）	
钾（毫克）	
硒（微克）	
镁（毫克）	
铜（毫克）	
锰（毫克）	

维生素以及其他营养元素

维生素 A（微克）·········-	维生素 E（毫克）·········-
维生素 B₁（毫克）·········0·89	烟酸（毫克）·········-
维生素 B₂（毫克）·········1·89	胆固醇（毫克）·········-
维生素 C（毫克）·········	胡萝卜素（微克）·········0·01

美味你来尝
——猴头菇鸡汤

Ready

鸡肉 500 克
干猴头菇 2~3 个

葱段
姜片
料酒
八角
食盐

 STEP 01 把猴头菇清洗干净，放入沸水中浸泡4个小时，直到全部泡开发软为止。

 STEP 02 把鸡肉清洗干净，切成大小合适的块，放入沸水焯一下，撇去浮沫后捞出备用。

 STEP 03 把焯后的鸡块放入炖锅内，把泡发好的猴头菇挤掉水分冲洗干净后放入锅内，之后倒入适量清水，放入葱段、姜皮，八角、料酒，用大火煮沸后调成小火炖煮2个小时。

 STEP 03 等鸡肉和猴头菇炖软后，调入适量食盐，搅拌均匀就可以食用了。

 泡发猴头菇时一定要将其彻底泡开，以免影响营养析出。

★助消化、健脾胃的猴头菇搭配上清香的鸡肉组成了一道不错的美味佳肴。

红菇
颜色异常要慎选

学名	红菇
别名	正红菇、大朱菇、真红菇、大红菇、红椎菌、大红菌
品相特征	如小伞，伞盖深红色或紫红色

红菇是一种天然、营养丰富的菌类，有着"菌中之王"的美名。因为它的采收时间非常短，人工难以种植，多数以干品出售。

好红菇？坏红菇？这样来分辨

OK挑选法

看菌褶。伞盖下的菌褶厚实、细密，多为银灰色

遇水时。用水浸泡，水的颜色会缓慢变成红色，但颜色不会呈均匀状散开

烹饪时。红菇烹饪后汤汁清香，但肉质本身有涩感

看伞盖。伞盖深红色，中心呈暗红色，有横向褶皱，颜色异常鲜艳的并不是真正的红菇

闻菌柄。菌柄为粉红色，掰开后颜色为浅灰色或分布着不均匀的深红色

一次吃不完，这样来保存

在保存时，红菇干品最怕潮湿，一旦遇潮就会加速变质，所以在保存时，保存环境的选择非常重要。大家可以把干红菇装入密封袋内，扎紧袋口后放到阴凉、干燥、低温的地方。

这样吃，安全又健康

清洗：红菇因为生长环境的限制，生长出来时本身会携带一些泥沙，制作成干品后也会携带少量泥沙，所以在食用之前需要用温水把上面的泥沙清洗掉，清洗时动作一定要轻柔。需要注意的是，红菇不能长时间浸泡，因为红菇中的营养元素很容易溶于水中。

健康吃法：红菇的营养成分很高，一般人都可以食用。想要吃到味道鲜美、口感纯正的红菇，一定要选择正确的食用方法。很多人在烹饪红菇时会选择干炒或焖烧的方法，其实这样的制作方法让红菇的营养大打折扣。红菇最佳的烹饪方法是煲汤，这样不但能让它的营养全部发挥出来，还会让我们品尝到它纯正的味道。值得注意的是，煲汤时，最好不要放入辛辣配料，比如干辣椒等，以免影响它的口感。另外，放入的时间也要掌握好，以免长时间炖煮让营养大量流失。

tips 红菇的功效：

滋阴润肺，养颜、延年益寿，活血消肿，补肾健脑，提升身体免疫力，抗癌等。

红菇的营养成分表
（每100克含量）
热量及四大营养元素

热量（千卡）	200
脂肪（克）	2.8
蛋白质（克）	24.4
碳水化合物（克）	50.9
膳食纤维（克）	31.6

矿物质元素（无机盐）

钙（毫克）	1
锌（毫克）	3.5
铁（毫克）	7.5
钠（毫克）	1.7
磷（毫克）	523
钾（毫克）	228
硒（微克）	10.64
镁（毫克）	30
铜（毫克）	2.3
锰（毫克）	0.91

美味你来尝
——红菇排骨汤

Ready

排骨 500 克
红菇 80 克
胡椒粒半勺

八角
花椒
食盐

 STEP 01 把排骨剁成小块，清洗干净，放入沸水中焯一下，撇去浮沫后捞出备用。

 STEP 02 将红菇清洗干净，放入水中浸泡 15 分钟左右。

 STEP 03 把排骨放入炖锅内，将浸泡红菇的水倒入炖锅内，注意不要把红菇放入锅内。

 STEP 04 将花椒、八角以及胡椒粒放入锅内，用大火煮沸后调成小火炖煮 30 分钟左右。

 STEP 05 排骨的香味出来后，把红菇放入锅内再炖煮 15 分钟左右，调入适量食盐就可以享用了。

为了保留营养，不要长时间炖煮红菇。

★滋阴润肺、养颜益寿的红菇搭配上补气润燥的排骨，真是一道营养丰富的美味佳肴。

燕窝

几招教你辨真假

学名	燕窝
别名	燕菜、燕根、燕蔬菜
品相特征	半月形，似人耳，晶莹洁白

燕窝顾名思义就是燕子的窝，不过这里说的燕子可不是常见的家燕，而是金丝燕。燕窝因其天然、不容易获得的特点，显得格外昂贵。

好燕窝？坏燕窝？这样来分辨

OK 挑选法

看形状。整体为元宝形，大小均匀，外形完整，丝状结构，而片状结构的则是假燕窝

看颜色。一般晶莹洁白，在灯光下为半透明状，如果是完全透明，说明不是真燕窝

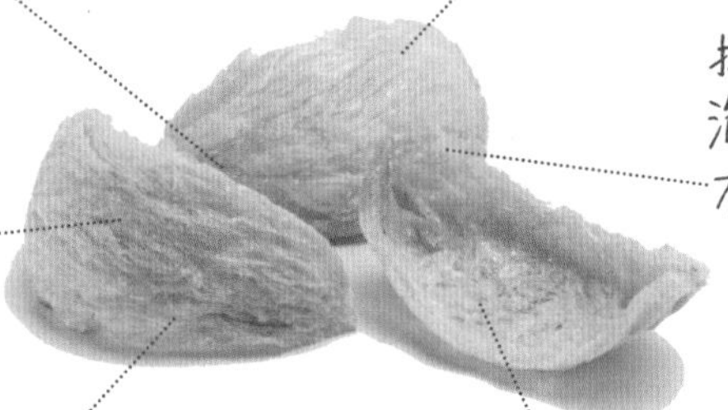

闻味道。味道馨香，没有刺鼻感，如果有刺鼻或者油腥味、鱼腥味，说明燕窝不是真的

摸一摸。放于水中泡软后，用手拉丝不会断、有弹性，揉搓不会成浆糊状，质量上乘

炖煮辨真假。血燕窝和黄燕窝炖煮后颜色不易溶于水中，说明是真的

用火烧。燃烧时有轻微爆破声，没有烟和味道，燃烧后的灰烬为白色，说明燕窝是真的

燕窝本身属于珍贵的食品之一，在保存时，一旦方法不当就会让它失去食用价值。保存燕窝的最佳方法是把它放入燕窝保鲜盒内，密封好后放到冰箱或阴凉、通风、干燥、避光的地方保存。

一旦燕窝不幸受到潮气，可以把它放到吹有冷气的空调下风干，一定不能用烤箱烘干或是放到阳光下暴晒，因为这样会让它的营养大打折扣。

这样吃，安全又健康

清洗： 在吃燕窝之前需要胀发。为了充分保留燕窝中的营养成分，最好用冷水浸泡胀发，然后把燕窝放入注了清水的白色瓷盆内，用镊子轻轻把燕窝上的燕毛、杂质择掉，然后再用清水清洗干净。在清洗时，动作一定要轻柔，以免把燕窝弄破。之所以在择洗燕毛等时选择白色的瓷盆，是因为燕窝和瓷盆都为白色，容易发现杂质和燕毛。

食用禁忌： 燕窝虽然含有丰富的营养元素，不过并不是所有人都可以吃。不满4个月的婴儿不可以吃燕窝，因为此时孩子的消化系统还没有发育完全，食用后难以消化，反而会造成消化不良。虽然燕窝在抵抗癌症方面有一定作用，不过并不适合癌症晚期的患者食用。燕窝中含有丰富的蛋白质，所以对蛋白质过敏的朋友也不能食用。另外，在吃燕窝的时候不能饮用茶水，最起码食用完燕窝1小时内要禁止饮茶，因为茶水中的茶酸会破坏它里面的营养元素。

tips 燕窝的功效：

滋阴润肺，润泽肌肤，补中益气，促进肠胃吸收和消化，促进血液循环，抑制癌细胞，安胎补胎等。

健康吃法：燕窝属于性平的食物，可以和多种食物搭配食用。不过用燕窝和食物搭配时，我们要掌握"以清配清，以柔配柔"的原则，也就是说，在吃燕窝的时候，尽量不要吃辛辣、油腻、酸性的食物，也不要吸烟。要想让燕窝的营养被人体充分吸收，我们在吃的时候要掌握少食多餐，定点食用的原则，每次 20~30 克最佳。

燕窝的营养成分表（每100克含量）

热量及四大营养元素

热量（千卡）	109
脂肪（克）	4.1
蛋白质（克）	17.6
碳水化合物（克）	0.5
膳食纤维（克）	-

矿物质元素（无机盐）

钙（毫克）	50
锌（毫克）	2.08
铢（毫克）	1
铁（毫克）	53.7
钠（毫克）	204
磷（毫克）	334
钾（毫克）	15.3
硒（微克）	33
镁（毫克）	0.06
铜（毫克）	0.05
锰（毫克）	

维生素以及其他营养元素

维生素A（微克）	25	维生素E（毫克）	1.27
维生素B₁（毫克）	0.03	烟酸（毫克）	2.7
维生素B₂（毫克）	0.09	胆固醇（毫克）	84
维生素C（毫克）	-	胡萝卜素（微克）	-

美味你来尝

——木瓜燕窝

Ready

燕窝 10 克
木瓜半个

冰糖

燕窝为水溶性蛋白质，在浸泡时一些营养元素会溶于水中。为了保留营养，可以用浸泡的水炖煮燕窝。

STEP 01 把燕窝放入水中浸泡涨发，清洗干净后用手按照丝状走向撕开备用。

STEP 02 将木瓜清洗干净，用勺子把瓜瓤挖出来，并挖去适量木瓜肉备用。把剩余的木瓜当成木瓜盅。

STEP 03 把燕窝、木瓜以及清水倒入炖盅内，隔水炖 30 分钟左右。

STEP 04 把炖好的木瓜燕窝倒入木瓜盅内，加入冰糖搅拌均匀后，再放入炖盅内隔水炖 15 分钟就可以了。

★和胃、舒经通络的木瓜搭配上滋阴润肺、补中益气的燕窝真是一道美味的营养佳品。

Part 3

干果

——休闲、健康的小食品，食用方法很简单

干果是一种集美味、营养于一身的健康食品，许多品种在国际上都享誉盛名。在日常生活中，干果不仅可以当做休闲聚会的零食，还能作为配菜与其他食物一起烹制美食。那么，怎样才能吃到最安全、最营养的干果呢？这就需要大家掌握选购、食用的不同方法。

风干的水果

葡萄干
含有丰富的铁和钙

学名	葡萄干
别名	乌珠木、草龙珠、蒲桃
品相特征	呈椭圆形，颜色各异
口感	酸、香甜、特甜

说到葡萄干或许很多朋友首先想到的是新疆，的确这里出产的葡萄干味道甘甜，质量也比较高。不过市场上的葡萄干种类繁多，质量也是层次不齐，为了吃到健康、安全的葡萄干，大家在选购时都要小心谨慎。

好葡萄干？坏葡萄干？这样来分辨

NG 挑选法

✗ 果粒干瘪、有裂痕——质量较次，有些营养成分遭到了破坏。

✗ 表皮粘手，果粒粘在一起——质量较次，营养价值低。

✗ 表皮上有一层糖油——质量较次，营养成分含量非常低。

OK挑选法

果粒表面干燥，有一定空隙

整体果粒大小均匀，较为饱满

口感甘甜，不酸也不涩

表皮没有裂痕，果皮光滑，有一定光泽

用手攥一把，松开手后果粒会快速散开

一次吃不完，这样来保存

　　葡萄干虽然自身含有一定水分，但也会从外界吸收水分，所以在保存时，干燥的环境是必需的。

　　把买回的散装的葡萄干装入保鲜袋或者玻璃瓶中，扎紧袋口或盖上盖子后，把它放到阴凉、干燥、通风地方，也可以放到冰箱冷藏室保存。需要注意的是，保存时要控制好温度，一旦温度超过26℃就会发霉长虫。另外，过一段时间后要把塑料袋或者玻璃瓶打开通气，检查葡萄干的品质。

这样吃，安全又健康

　　无论是自然条件下晾晒，还是烘干制作，葡萄干的表面都会有沙子或尘土附着。所以在食用之前都需要清洗。很多人在清洗时只是用清水简单的冲洗一下，而这样并不能把尘土清洗掉。

　　清洗时，我们可以把葡萄干放入混合了面粉的水中浸泡片刻，并轻轻搓洗，最后用清水冲洗干净就可以了。搓洗葡萄干时力度不要太大，以免把葡萄干弄破，造成二次污染。

除了上述的清洗方法外，我们还可以把葡萄干放入开水中煮 1~2 分钟，捞出后沥干水分就可以吃了。想要吃干葡萄干，可以把清洗后的葡萄干放入微波炉烘干。

葡萄干含有大量的铁和钙，具有一定的补气补血的功效。它富含矿物质元素以及氨基酸等，适合神经衰弱和过度劳累的朋友食用。不过它含有大量的葡萄糖，所以不太适合糖尿病以及肥胖的朋友吃。

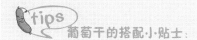

tips
葡萄干的搭配·小·贴士：

- 红枣＋葡萄干——预防贫血，促进血液循环。

葡萄干的营养成分表
（每100克含量）

热量及四大营养元素

热量（千卡）	341
脂肪（克）	0.4
蛋白质（克）	2.5
碳水化合物（克）	83.4
膳食纤维（克）	1.6

矿物质元素（无机盐）

钙（毫克）	52
锌（毫克）	0.18
铁（毫克）	9.1
钠（毫克）	19.1
磷（毫克）	90
钾（毫克）	995
硒（微克）	2.74
镁（毫克）	45
铜（毫克）	0.48
锰（毫克）	0.39

维生素以及其他营养元素

维生素A（微克）	—	维生素E（毫克）	—
维生素B₁（毫克）	—	烟酸（毫克）	—
维生素B₂（毫克）	0.09	胆固醇（毫克）	—
维生素C（毫克）	5	胡萝卜素（微克）	—

美味你来尝
——葡萄干粥

Ready

葡萄干 50 克
粳米 100 克

白糖

STEP 01 把葡萄干放入冷水中浸泡片刻，清洗干净捞出沥干水分备用。

STEP 02 将粳米淘洗干净，放入冷水中浸泡30分钟左右，捞出备用。

STEP 03 向锅内倒入 1200 毫升清水，把粳米和葡萄干放入锅内，大火煮沸后调成小火熬煮。

STEP 04 关火前调入适量白糖调味，关火后焖片刻就可以食用了。

把粳米放入水中浸泡，这样可以缩减熬煮的时间。

★这道粥口感酸甜，在生津止渴、开胃健脾方面有不错的功效。

山楂干

储存时要保持干燥

学名	山楂干
别名	赤枣干
品相特征	片状，棕色或棕红色
口感	酸或甜

山楂干是把新鲜的山楂果切成片后经过晾晒或烘干制作而成的。众所周知，新鲜山楂是季节性水果，一旦错过就很难买到。正因为因此，很多人会选择山楂干代替新鲜山楂。为了吃到安全、健康的山楂干，无论是挑选还是保存都要讲究方法才可以。

好山楂干？坏山楂干？这样来分辨

NG 挑选法

- ❌ 肉色发黑，皮色暗红——可能是陈旧的或变质的，不宜选购。

- ❌ 有蛀虫、霉斑——可能是变质的，营养价值低。

- ❌ 切片小，僵硬——质量较次，口感差。

- ❌ 尝起来没有酸味，吃起来也很硬——味道不好，属于次品。

- ❌ 抓起来用手攥，松开手时舒张缓慢——说明水分含量高，不易保存。

OK挑选法

气味清香，酸味
浓郁、纯正

切片大、薄

用手抓一把攥一下松开后
立即散开，较为干燥

肉质色泽淡黄色，
果皮为鲜红色

一次吃不完，这样来保存

在保存山楂干时，如果存放的地方和保存的方法不正确，那很可能导致山楂干发霉变质。所以在保存山楂干时，大家一定不要掉以轻心，把它随意扔到一个地方。

恰当的保存方法是：把山楂干装入干燥、没有异味的塑料袋内，扎紧袋口，放到阴凉、通风、干燥的地方保存。也可以把它装入密封袋或者玻璃瓶内保存。为了能长时间保存山楂干，我们可以把买回的山楂干先在阳光下晾晒几天，之后再保存。

这样吃，安全又健康

山楂干虽然属于干果，不过在食用之前还是需要清洗的，这样才能将附着于表面的尘土和细菌清洗掉，保证我们能够吃到健康、安全的山楂干。

清洗时，把山楂干放入盛有清水的容器内，浸泡片刻，轻轻搓洗，再用清水冲洗干净即可。清洗时浸泡的时间不能太长，以免营养流失。

山楂干含有多种维生素、黄酮类以及钙、铁等元素，有消积食、健脾胃，活血化瘀，防癌抗癌，保护心脏，降血脂和血压的功效。月经不调、痛经的女性朋友不妨食用一些山楂干以缓解症状。此外，山楂干不适合胃酸分泌较多、病后体虚以及患有牙齿疾病的朋友食用。需要注意的是，不要空腹吃山楂干。

tips

山楂干的搭配·小·贴士：

◎ 山楂干＋冰糖——消食开胃，补充维生素C，提高身体免疫力。

山楂干的营养成分表（每100克含量）
热量及四大营养元素

热量（千卡）	255
脂肪（克）	0.6
蛋白质（克）	0.5
碳水化合物（克）	62.9
膳食纤维（克）	-

矿物质元素（无机盐）

钙（毫克）	555
锌（毫克）	3.82
铁（毫克）	11
钠（毫克）	4891.9
磷（毫克）	666
钾（毫克）	550
硒（微克）	75.4
镁（毫克）	236
铜（毫克）	2.33
锰（毫克）	0.77

维生素A（微克）	……21	维生素E（毫克）	……1·46
维生素B₁（毫克）	……0·01	烟酸（毫克）	……5
维生素B₂（毫克）	……0·12	胆固醇（毫克）	……525
维生素C（毫克）	……-	胡萝卜素（微克）	……-

美味你来尝
——山楂草莓饮

Ready

山楂干 1 小把
草莓 5 颗

冰糖

STEP 01 把山楂干用清水冲洗干净备用，把草莓择洗干净，对半切开备用。

STEP 02 在锅中注入 2 碗清水，将清洗干净的山楂放入锅内煮沸，等汤汁变红后把冰糖放入锅内，融化后搅拌均匀。

STEP 03 把切开的草莓放入玻璃杯内，将煮好的汤汁倒入玻璃杯内浸泡 2~3 分钟，温凉后就可饮用了。

草莓属于鲜果，最好不要下锅煮，以免营养和口感都遭到破坏。

★酸甜可口的茶汤搭配上新鲜的草莓，真是一道开胃健脾的好茶。

大枣
补气、养血的佳品

学名	大枣
别名	红枣、干枣、枣子
品相特征	呈椭圆形或球形，红色
口感	甘甜，清香

　　大枣是由成熟的新鲜红枣经过加工或晾晒而制作成的干果。红枣可以说是女士们平常最应该吃的干果之一，因为它在补气补血方面的功效非常显著。想要获得红枣中的最佳营养，那一定要选择质量良好的大枣才可以。

好大枣？坏大枣？这样来分辨

NG 排选法

- ⊗ 颜色暗红甚至发黑——可能是陈旧的大枣，有些营养成分遭到了破坏。

- ⊗ 表皮上有裂开的纹路或者虫眼——存放时间太久，质量次，营养价值低。

- ⊗ 个头比较小，捏起来比较硬——果肉少，质量次，口感差。

- ⊗ 尝起来味道太甜，有腻口的感觉——可能人工加工过。

OK 挑选法

果实饱满，果肉厚实，个头比较大

闻起来有清香的味道，尝起来甘甜可口

用手捏时，外皮比较软

表皮光滑，没有裂纹、伤痕或虫眼

颜色深红色，表面有光泽

一次吃不完，这样来保存

　　在保存大枣时，如果方法不正确，那它很容易生虫子，热别是在闷热的夏季。在日常生活中，很多人把买回的大枣直接放到室内的地上，其实这种做法并不正确，因为红枣很怕风吹，一旦长时间被风吹，那很容易变得干瘪，失去原有的口感。

　　那么，应该怎样保存大枣呢？存放大枣时，一定要把它放到阴凉、通风、再干燥的地方。我们可以把买回的大枣装入密封袋内，再向袋内撒上少许白酒，扎紧袋口存放。如果大枣的数量不是很多，还可以把它装入保鲜袋扎紧袋口后放到冰箱冷冻保存。

　　如果大枣的数量比较多，那可以用瓷坛来保存。首先，把瓷坛清洗干净，彻底晾干。其次，准备食盐，大枣和食盐的比例为 4 : 1，把食盐放入锅内炒热后晾凉备用。最后，把大枣和食盐按照一层大枣一层食盐的顺序放入瓷坛内，最后再撒上一层食盐，加盖密封好后放到阴凉、通风、干燥的地方保存。

这样吃，安全又健康

　　大枣在食用之前一定要清洗，因为大枣在加工的过程中表面会沾有大量灰尘，尤其是在表皮的褶皱之中。很多人在清洗大枣时，只是用水简单的冲洗一下，其实这样并不能把它清洗干净。

正确清洗大枣的方法：把大枣放入温水或混合了食用碱的水中浸泡片刻，之后用柔软的刷子轻轻刷洗大枣表皮，尤其是褶皱处，刷洗后再用清水冲洗一下就可以了。

清洗时，大家一定要注意，不要把大枣长时间浸泡在水中以免维生素流失。

大枣中含有蛋白质、维生素以及多种矿物质元素，有益气补血、安神养血，健脾养胃，补脑，保护肝脏的作用。此外，它还是爱美女士不可缺少的干果，因为它在滋润肌肤，减缓皱纹和老人斑，防止脱发方面的作用较为显著。不过要注意，患有糖尿病的朋友、腹胀的朋友、患有寄生虫病的孩子不能经常、大量吃大枣，以免病情加重。

tips

大枣的搭配小·贴士：

- 大枣 + 鱼肉——滋补促消化，还能美容养颜。

大枣的营养成分表
（每100克含量）

热量及四大营养元素

热量（千卡）	264
脂肪（克）	0.5
蛋白质（克）	3.2
碳水化合物（克）	67.8
膳食纤维（克）	6.2

矿物质元素（无机盐）

钙（毫克）	64
锌（毫克）	0.65
铁（毫克）	2.3
钠（毫克）	6.2
磷（毫克）	51
钾（毫克）	524
硒（微克）	1.02
镁（毫克）	36
铜（毫克）	0.27
锰（毫克）	0.39

维生素A（微克）………2		维生素E（毫克）………3.04	
维生素B_1（毫克）………0.04		烟酸（毫克）………0.9	
维生素B_2（毫克）………0.16		胆固醇（毫克）………—	
维生素C（毫克）………14		胡萝卜素（微克）………10	

美味你来尝
——大枣生姜粥

Ready

粳米 250 克
大枣 5 颗
生姜 4 小块

食盐

 STEP 01 把粳米淘洗干净，把大枣清洗干净，去核取肉备用，把姜清洗干净，切成片备用。

 STEP 02 将粳米放入锅内干炒片刻后在锅中注入清水，把大枣、姜片一起放入锅内。

 STEP 03 大火煮沸后调成小火熬煮 20 分钟左右，出锅前调入适量食盐调味即可。

加入食盐调味不会有咸的感觉，反而会使口味更加香甜。

★这道美食具有很好的滋补功效。

桂圆

吃太多容易上火

学名	桂圆
别名	益智、龙眼
品相特征	接近球形

桂圆干是新鲜桂圆加工后的干果。它的味道虽不及新鲜桂圆，不过甘甜的口感备受人们喜爱。

好桂圆？坏桂圆？这样来分辨

OK挑选法

动手试。摸起来果壳更干爽清脆，摇一摇没有很大的响声，说明果肉多，口感好

看颜色。果壳为黄褐色或偏棕色，不容易掉色，光泽自然

看果肉。果肉颜色在光照下为棕褐色，肉质紧致，吃起来甜而不腻

看形状。果形完整，颗粒大小均匀，没有凹陷或裂痕

闻味道。没有烟熏的味道或没有异味、硫磺的味道

一次吃不完，这样来保存

在保存时，大家可以把完整、没有损坏的桂圆放入铺了柔软塑料薄膜的箱子内，装好后把薄膜盖好，把箱子放到阴凉、干燥、通风的地方。如果家里有少量的干桂圆，那可以把桂圆装入密封的袋子内，扎紧袋口后放到冰箱冷藏室保存。

这样吃，安全又健康

清洗：桂圆食用之前需要剥掉外壳，如果外壳没有破损，那食用之前可以用清水冲洗一下，这样也能保证剥掉外壳后果肉不受污染。

食用禁忌：桂圆属性温热，不适合上火、有发炎症状的人食用。桂圆肉口感甘甜，患有糖尿病的朋友最好不要吃。另外，孕妇也不要吃，因为怀孕后身体内热，加之桂圆为性热食物，两者碰撞后容易导致流产。

tips
桂圆的功效

益气补血,提升记忆力,消除疲劳,安神定志,抗菌消炎,降低血脂,保护心血管等。

健康吃法：桂圆既可剥皮直接食用，也可以做粥、煮汤等，无论怎样食用，它的功效都能很好地发挥出来。桂圆属性湿热，不能大量食用，一般要控制在5~10颗，以免贪食导致身体不适。

桂圆的营养成分表
（每100克含量）

热量及四大营养元素

热量（千卡）	273
脂肪（克）	0·2
蛋白质（克）	5
碳水化合物（克）	64·8
膳食纤维（克）	2

矿物质元素（无机盐）

钙（毫克）	38
锌（毫克）	0·55
铁（毫克）	0·7
钠（毫克）	3·3
磷（毫克）	206
钾（毫克）	1348
硒（微克）	12·4
镁（毫克）	81
铜（毫克）	1·28
锰（毫克）	0·3

美味你来尝

——桂圆干炖鸡

Ready

母鸡半只
桂圆干 10 颗

枸杞
葱末
姜片
食盐
陈皮

STEP 01 把母鸡清洗干净，放入沸水中焯一下，撇去浮沫后捞出备用。

STEP 02 把桂圆干剥皮去核，取肉备用；将枸杞子清洗干净，沥干水分备用。

STEP 03 将焯好的鸡放入锅内，倒入适量清水，加入姜片、陈皮大火煮沸。

STEP 04 把桂圆肉和枸杞放入锅内，大火煮沸后调成小火熬煮 60 分钟左右，关火前调入食盐搅拌均匀，之后将葱花撒到上面即可。

炖好后如果觉得太油腻，可以把汤上漂浮的油撇去。

★这道汤品味道鲜美，具有很好的滋补功效。

学名	无花果干
别名	无
品相特征	倒圆锥状或卵圆形，鸡蛋黄色

无花果干是由新鲜的无花果烘干加工而成的。它的口感虽然不及新鲜的无花果，不过营养却不比新鲜的无花果差。

好无花果干？坏无花果干？这样来分辨

看颜色。颜色为暗黄色，自然光泽，质量上乘，不要选颜色发白的，因为这种可能被硫磺熏过

看形状。选择颗粒饱满、个头较大、没有虫子的，质量和口感都比较好

看果肉。果肉完整，色泽较为鲜亮、润泽，质量好，口感佳

用手捏。优质的无花果干捏起来手感松软

品味道。口感甘甜，稍微有些酸，质量上乘，口感比较好

一次吃不完，这样来保存

无花果干本身质地较干燥，冬季保存比较方便，而闷热的夏季保存起来就比较麻烦了。我们可以试试下面的保存方法：

塑料袋密封法。把无花果干装入干净、没有异味的密封袋内，扎紧袋口后放到阴凉、通风、干燥的地方。

密封罐保存法。把无花果干装入透明的玻璃罐内，盖紧盖口后，放到阴凉、通风、干燥的地方。

保存时，大家要注意，不要把无花果干和其他干货放在一个容器内保存，以免串味。

这样吃，安全又健康

清洗：在食用无花果干之前，最好用清水将其冲洗几次。在泡茶时，最好把第一次冲泡的茶倒掉，这样能保证用无花果干冲出来的茶干净、卫生。

食用禁忌：无花果干属性平和，食用时没有什么禁忌，一般人都可以食用。不过食物再美味，也不能大量食用，以免影响身体健康。

健康吃法：无花果干营养丰富，食用方法也多种多样。它既可以用来泡茶、煮粥，也可以烧汤、凉拌，无论怎么食用，它的功效都能很好地发挥出来。如果把无花果干研磨成粉末，吹喉用，还能达到润喉、利咽的作用。

无花果的功效：

促进食欲，润肠通便，降血脂、降血压，抗炎消肿，润喉利咽、防癌抗癌等。

无花果干的营养成分表（每100克含量）

热量及四大营养元素

热量（千卡）	361
脂肪（克）	4.3
蛋白质（克）	3.6
碳水化合物（克）	77.8
膳食纤维（克）	13.3

矿物质元素（无机盐）

钙（毫克）	363
锌（毫克）	0.8
铁（毫克）	4.5
铗（毫克）	10
钠（毫克）	67
磷（毫克）	550
钾（毫克）	—
硒（微克）	96
镁（毫克）	—
铜（毫克）	—
锰（毫克）	—

维生素 A（微克）·········1	维生素 E（毫克）·········—
维生素 B₁（毫克）·········0·13	烟酸（毫克）·········0·79
维生素 B₂（毫克）·········0·07	胆固醇（毫克）·········—
维生素 C（毫克）·········5·2	胡萝卜素（微克）·········—

美味你来尝

——无花果瘦肉汤

Ready

无花果干 100 克
熟瘦猪肉 250 克

食盐

 STEP 01 把无花果干清洗干净，切开备用。

 STEP 02 把熟猪肉切成丝备用。

 STEP 03 向锅内倒入适量清水，把猪肉丝和切好的无花果干一起放入锅内炖煮 20 分钟左右，用食盐调味后就可以饮汤了。

 无花果的数量可以自己定，喜欢吃可以多加一些。

★美味营养的猪肉搭配上清香的无花果干能起到调理肠胃的功效，很适合患有慢性肠炎、胃炎的人食用。

荔枝干
果皮破损不宜买

学名	荔枝干
别名	干荔枝
品相特征	圆形或扁圆形，黄褐色

荔枝干是新鲜的荔枝经过自然干燥等加工方法制作而成的食品。荔枝干的营养和功效并不比新鲜的荔枝差。

好荔枝干？坏荔枝干？这样来分辨

OK挑选法

看整体。选择果形完整，个头较大、表皮没有裂痕或破损的，这种荔枝干肉多、味道好

看包装。包装完整，厂家正规，在保质期范围内

闻味道。味道清香，入口甜，若有苦味说明是陈货，不能购买

看形状。扁圆形的荔枝，肉多、果核小，质量好

看果肉。果肉黄亮中透着红，有皱纹

看颜色。表面为黄褐色，如果是黑褐色，说明荔枝干存放了太长时间，营养比较差

一次吃不完，这样来保存

荔枝干最怕潮湿、闷热的天气。如果把它长时间放到这样的环境中，它很容易发霉变质。在保存荔枝干时，我们一定要把它装入密封袋内，排出空气密封好后放到阴凉、干燥、通风的地方或放到冰箱冷藏室保存。

这样吃，安全又健康

清洗：荔枝干在食用之前一般不需要清洗，因为水分会影响荔枝干的口感。

食用禁忌：荔枝干属性温热，所以不适合阴虚火旺、大便干燥的人吃，如果大量食用会导致燥热、上火等症状。荔枝干中糖分含量并不比新鲜荔枝少，所以血糖较高和患有糖尿病的朋友最好不要吃。

tips

荔枝干的功效：

壮心，健肺，益肾，养血，保护肝脏等，对治疗气虚胃寒、结核、贫血等功效显著。

健康吃法：荔枝干的功效并不比新鲜荔枝差，不过只有正确食用才能达到所需的功效。在食用荔枝干时，要细嚼慢咽，品味它甘甜的味道，缓慢咽下去，这样吃能达到保护声带的作用。荔枝干适合心脏和肺部较为虚弱的人吃，食用后能达到强心健肺的目的。

荔枝干的营养成分表
（每100克含量）

热量及四大营养元素

热量（千卡）	317
脂肪（克）	1.2
蛋白质（克）	4.5
碳水化合物（克）	77.4
膳食纤维（克）	5.3

矿物质元素（无机盐）

钙（毫克）	12
锌（毫克）	0.01
铁（毫克）	—
钠（毫克）	114
磷（毫克）	
钾（毫克）	
硒（微克）	
镁（毫克）	0.05
铜（毫克）	
锰（毫克）	0.06

维生素A（微克）·········-	维生素E（毫克）·········-
维生素B₁（毫克）·········-	烟酸（毫克）·········2.25
维生素B₂（毫克）·······0.32	胆固醇（毫克）·········-
维生素C（毫克）·········-	胡萝卜素（微克）·········-

美味你来尝
——荔枝干莲子羹

Ready

荔枝干 20 颗
莲子 60 克

冰糖

STEP 01 把荔枝干剥掉外皮，去掉果核，取果肉备用。将莲子清洗干净放入水中发开后去掉莲心备用。

STEP 02 向炖锅内倒入适量清水，把荔枝干和莲子放入锅内，隔水炖 60 分钟左右，关火前 5 分钟放入冰糖调味就可以享用了。

如果不是很喜欢甜食，大家可以不放冰糖，因为荔枝干本身就比较甜。

★滋脾补血的荔枝干搭配上补脾固涩的莲子，能达到治疗脾虚类型月经过多的病症。

香脆的坚果

瓜子
购买时警惕陈货

学名	瓜子
别名	葵花子
品相特征	长水滴形，颜色以灰白为主
口感	味道清香，口感多样

瓜子的种类很多，像西瓜子、南瓜子、吊瓜子、葵花子等。瓜子的品种不同营养功效也不同，其中以葵花子最为常见，那我们就以葵花子为例，来向大家介绍如何选购安全、健康的瓜子。

在选购瓜子时，尽量选择透明包装的，这样能清楚地看到瓜子的情况，从而避免买到陈货或者质量较次的瓜子。值得注意的是，在选购时尽量不要买上色的瓜子，比如绿茶瓜子，这些瓜子多是合成色素染色而成，少量食用危害不大，大量长期食用很可能引发癌症等疾病。

好瓜子？坏瓜子？这样来分辨

NG 挑选法

❌ 颜色暗淡，发黑，没有光泽——可能是陈货，有些营养成分遭到了破坏。

❌ 颗粒干瘪，大小层次不齐——质量较次，口感较差。

❌ 用手摸时潮湿疲软，没有清脆的响声——变质或受潮的，营养含量非常低。

❌ 吃起来有酸味、异味，口感发苦——是陈货，属于次品。

OK 挑选法

表皮颜色为暗灰色，不容易掉
色，条纹较清晰，色泽光亮

气味清香，
口感香醇

整体完整，饱满、坚硬，
个头较大，没有损伤

用手摸时，较为干燥，抓
起时能发出清脆的响声

一次吃不完，这样来保存

　　瓜子是一种很容易受潮的坚果，一不小心它就会变疲，不但影响口感，甚至连营养都会降低。那如何保存才能避免瓜子受潮呢？

　　我们可以把瓜子装入保鲜袋内，将空气挤出来，扎紧袋口，放到阴凉、通风、干燥的地方。如果家里有密封的铁盒或者储藏罐，也可以把瓜子放入里面保存。为了防止瓜子受潮，我们还可以把从其他食品中拿出的干燥剂放进里面，这样就能很好地防止其受潮、生虫了。

这样吃，安全又健康

　　美味的瓜子在食用前不需要清洗，不过为了身体健康和安全，在剥瓜子皮时尽量不要用牙齿嗑，最好用手或者剥壳器剥。因为瓜子的表皮含有大量盐分且较为坚硬，用牙齿嗑瓜子不但损伤牙齿的牙釉质，严重时还会造成口腔溃疡，长时间吐瓜子壳还会让味觉反应迟钝。

　　瓜子中含有丰富的铁、锌、镁等矿物质元素，在预防贫血、美容养颜方面有不错的功效。它含有不饱和脂肪酸，但却不含有胆固醇，因此具有降低血液中胆固醇含量，保护心血管的作用。另外，每天吃一小把瓜子，不但能为身体补充充足的维生素 E，还能达到安神、治疗失眠，提升记忆力等作用。处于生育期的男士，每天可以吃一小把瓜子，因为它含有的精氨酸是产生精液不可缺少的物质。不过患有肝炎的朋友尽量不要吃瓜子，因为嗑瓜子会损伤肝脏，甚至造成肝硬化。

tips

瓜子的搭配小贴士：

葵花子不但是美味的零食，还是制作糕点的原料，在食用方面没有什么禁忌，只是每次不要吃太多，以防上火、口腔生疮等。

瓜子的营养成分表
（每100克含量）

热量及四大营养元素

营养成分	含量
热量（千卡）	606
脂肪（克）	53.4
蛋白质（克）	19.1
碳水化合物（克）	16.7
膳食纤维（克）	4.5

矿物质元素（无机盐）

营养成分	含量
钙（毫克）	115
锌（毫克）	0.5
铁（毫克）	2.9
钠（毫克）	5
磷（毫克）	604
钾（毫克）	547
硒（微克）	5.78
镁（毫克）	287
铜（毫克）	0.56
锰（毫克）	1.07

维生素以及其他营养元素

维生素 A（微克）·········-
维生素 B₁（毫克）·······1.89
维生素 B₂（毫克）·······0.16
维生素 C（毫克）·········-

维生素 E（毫克）·······79.09
烟酸（毫克）··········4.5
胆固醇（毫克）········-
胡萝卜素（微克）·······-

美味你来尝
——五香炒瓜子

Ready

生葵花子 500 克
冰糖 10 颗
桂皮 1 小块
香叶 5 片
甘草 2 片
小茴香 2 勺
白芷 1 小块
山奈 1 粒

八角
花椒
食盐

STEP 01 把生葵花子清洗干净，放入大盆内倒入足量水浸泡 30 分钟左右。

STEP 02 把葵花子捞出来放到大锅内，把所有香料放入锅内，放入冰糖、加入适量食盐后倒入 2000 毫升清水，用大火煮沸后调成小火煮 20 分钟左右关火。

STEP 03 等自然冷却后把葵花子捞出放入炒锅内，将里面大块的香料挑出来弃置，然后开小火慢慢翻炒 40 分钟左右，直到水分完全炒干为止。中间加入适量食盐调味。

STEP 04 把翻炒好的葵花子放入平底容器内晾晒，自然冷却后就可以吃了。

翻炒过程中要不停地搅动，以免把葵花子炒糊。

★自制的五香瓜子健康安全，营养元素丰富，可以放心食用。

花生
对骨骼大有裨益

学名	花生
别名	金果、长寿果、长果、番豆、地果、地豆、唐人豆、花生豆、花生米、落花生、长生果
品相特征	蚕茧形、串珠形和曲棍形，黄白色为主
口感	有淡淡的甜味，豆腥味浓郁

花生是一种地上开花地下结果的神奇植物。它的果实不但可以直接吃，还能用来榨油。因其含油量接近 50%，因此它同大豆并列被赞誉为"植物肉"。不过想要吃到健康、安全的花生，我们一定要学会选购、烹饪的全部本领才行。

好花生？坏花生？这样来分辨

❌ 果荚暗灰色或暗黑色，果仁紫棕褐色或黑褐色——可能是陈货，质量较次。

❌ 果荚整体干瘪，大小不均匀，甚至有虫蛀——质量较次，口感差。

❌ 果仁干瘪、破碎或发芽——质量差，可能变质了，营养含量非常低。

❌ 气味平淡，甚至有发霉的味道或哈喇味——劣质花生，口感营养都较差。

OK 挑选法

尝起来有纯正的花生香，
没有油味、酸涩的味道

气味清香，有花
生独有的香气

果荚以白色和土
黄色为佳

果荚饱满，没有凹
陷，大小均匀

一次吃不完，这样来保存

保存花生时，要根据具体情况选择合适的方法。如果保存的方法不正确，那很可能让花生发霉、长毛，甚至生虫。

带壳的花生需要在阳光下彻底晾干，之后再装入塑料袋内扎紧袋口，放到阴凉、通风、干燥的地方保存。如果是带壳的湿花生，则可以把花生装入塑料袋内，放入冰箱冷冻室保存。

这样吃，安全又健康

花生表皮可能会有泥土，在清洗时可以先把花生浸泡在水中10分钟左右，之后揉搓花生将大部分泥土清洗下来，之后再把花生放到混合了面粉的水中搅动，捞出后用清水冲洗干净就可以了。不过现在市场上贩售的带壳花生不是很脏，只要用清水冲洗几遍就可以了。

花生中含有人体必需的氨基酸以及矿物质元素，能促进脑细胞发育，提升记忆力，还能促进儿童骨骼的生长、延缓衰老等。花生中含有大量的脂肪油和蛋白质，有控制食欲、滋补气血、养血通乳的作用。想要控制血糖的朋友，早上不妨吃一把生花生。此外，吃生花生还能保护心血管、降低患结肠癌的概率。不过患有胃溃疡、慢性胃炎、慢性肠炎的朋友以及痛风、消化不良的朋友最好不要吃花生。

tips

花生的搭配小贴士:

- 花生+猪蹄——花生和猪蹄都含有丰富的蛋白质，两者都具有滋补气血的功效，一起食用自然能达到养血通乳的作用。

花生的营养成分表（每100克含量）

热量及四大营养元素

营养元素	含量
热量（千卡）	298
脂肪（克）	25.4
蛋白质（克）	12
碳水化合物（克）	13
膳食纤维（克）	7.7

矿物质元素（无机盐）

矿物质元素	含量
钙（毫克）	8
锌（毫克）	1.79
铁（毫克）	3.4
钠（毫克）	3.7
磷（毫克）	250
钾（毫克）	390
硒（微克）	4.5
镁（毫克）	110
铜（毫克）	0.68
锰（毫克）	0.65

维生素以及其他营养元素

维生素A（微克）	2	维生素E（毫克）	2.93
维生素B₁（毫克）	-	烟酸（毫克）	14.1
维生素B₂（毫克）	0.04	胆固醇（毫克）	-
维生素C（毫克）	14	胡萝卜素（微克）	10

美味你来尝
——粳米花生粥

Ready

粳米 100 克
花生 50 克

冰糖

 STEP 01 把粳米清洗干净，倒入清水浸泡 30 分钟左右。

 STEP 02 把花生剥掉外壳，清洗干净，沥干水分备用。

 STEP 03 把浸泡好的粳米连同水一起倒入锅内，放入花生米，用大火煮沸后调成小火熬煮 20 分钟左右，直到粥变稠为止。

 STEP 04 关火前放入冰糖调味，融化后搅拌均匀即可享用。

如果花生用水清洗了，那花生豆可以不用再清洗。

★这道粥味道甘甜，在健脾开胃、养血通乳方面的功效较为显著。

核桃
适当食用能强身健体

学名	核桃
别名	胡桃、羌桃
品相特征	呈球形，有不规则的皱纹
口感	香味浓郁

核桃的足迹几乎遍布全世界，其中以亚洲、欧洲地区最为常见。它是老百姓最为喜欢食用的坚果之一，之所以这么招人喜爱，是因为它的营养丰富，在健脑强身方面有很好的功效。不过一些商家为了谋取利润会以次充好欺骗消费者。因此大家在购买时一定要认真筛选。

好核桃？坏核桃？这样来分辨

NG 挑选法

- ✗ 果形大小不一，缝合线开裂——可能是陈货，有些营养成分遭到了破坏。

- ✗ 表皮黑色，有霉斑——劣质的核桃，营养价值低，口感差。

- ✗ 用手掂时分量较轻——可能里面的果仁小或者没有果仁，属于次品。

- ✗ 闻起来有油味或者哈喇味——质量较次，口感很差。

- ✗ 果仁暗黄色或黄褐色，甚至泛着油光——质量低劣的核桃，不适合购买。

果仁饱满，颜色为黄白色，仁白净且新鲜

摸起来较为干燥，分量较重

气味清香，有核桃独有的香味

果皮颜色较白，有光泽，缝合线严密

果形个头较大，圆整

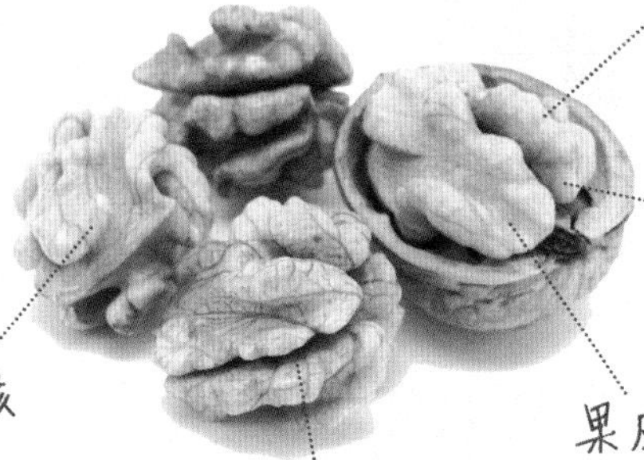

一次吃不完，这样来保存

核桃含有较高的营养物质，果皮较为坚硬，所以保存起来并不难，只要选对容器，放到合适的环境中就可以了。

恰当的保存方法。把晒干的核桃装入麻袋、布袋或竹篮内，扎紧袋口后放到阴凉、通风、干燥的室内，同时温度要控制在 1~2℃，最好不要超过 8℃。另外，存储的环境要没有老鼠或虫害。

另外，如果核桃的数量较少，我们可以选择真空存储。把核桃装入密封袋内，排尽空气密封好后放到阴凉、通风、干燥的地方。

这样吃，安全又健康

市面上常见的核桃较为干净，再加之果皮较为坚硬，所以在食用之前可以不用清洗。不过为了干净，可以把它放入清水中，用软毛的刷子轻轻刷洗，将藏于纹路内的脏东西清洗干净。清洗干净后要用干净的布把水分擦拭掉。需要注意的是，一定不能用洗涤剂清洗，以免污染果仁。

核桃皮比较难剥，我们可以选择专用的核桃夹来剥皮。

核桃含有丰富的锌元素和锰元素，有健脑益智的功效。它含有的精氨酸、油酸等在保护细血管、预防冠心病、老年痴呆等病症方面有一定的作用。核桃还是不错的美容佳品，具有润泽肌肤、让肌肤白嫩的作用，同时还有乌发的功效。不仅如此，它在预防神经衰弱、缓解疲劳、补虚强身、抗菌消炎、防癌抗癌等方面也有一定的功效。常人也不要一次性吃大量核桃，以免引起消化不良。

tips
核桃的搭配·小·贴士：

- 核桃＋芝麻——核桃有延缓衰老的功效，而芝麻在养血润肤方面功效显著，两者同食能达到润肤养颜的目的。

核桃的营养成分表（每100克含量）

热量及四大营养元素

热量（千卡）	627
脂肪（克）	58.8
蛋白质（克）	14.9
碳水化合物（克）	19.1
膳食纤维（克）	9.5

矿物质元素（无机盐）

元素	含量
钙（毫克）	56
锌（毫克）	2.17
铁（毫克）	2.7
镁（毫克）	6.4
钠（毫克）	294
磷（毫克）	385
钾（毫克）	4.62
硒（微克）	131
镁（毫克）	1.17
铜（毫克）	3.44
锰（毫克）	

维生素A（微克）………5		维生素E（毫克）………43.21	
维生素B₁（毫克）………0.15		烟酸（毫克）………0.9	
维生素B₂（毫克）………0.14		胆固醇（毫克）………-	
维生素C（毫克）………1		胡萝卜素（微克）………30	

美味你来尝
——蜜汁核桃

Ready

核桃仁 250 克

白糖
蜂蜜
芝麻

STEP 01 把核桃仁清洗干净，放入蒸锅内加适量水蒸 15 分钟左右，关火晾凉备用。

STEP 02 在锅中注入清水，向锅内加入适量白糖，白糖融化后把核桃仁倒入锅内翻炒，翻炒片刻后加入适量蜂蜜。

STEP 03 等汁液浓稠，核桃仁全部裹上蜜汁后关火，撒上适量芝麻即可出锅享用。

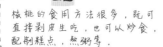

核桃的食用方法很多，既可直接剥皮生吃，也可以炒食、配制糕点，熬粥等。

★这道美食口感香醇，患有便秘的朋友可以吃一些来缓解便秘的症状。

板栗
个头大不一定好

学名	板栗
别名	栗子，毛栗
品相特征	一面圆一面平，两面都较平，多为深褐色
口感	甜，面

　　板栗是栗树所结出的果实，我国早在 4000 多年之前就已经栽培种植了。市面上常见的小食品是糖炒栗子，虽然其味道香甜，不过安全问题让人担忧。如果大家想要吃到健康安全的板栗美食，最好的方法是挑选上好的板栗回家自己动手烹制。

好板栗？坏板栗？这样来分辨

NG 挑选法

❌ 表皮光滑，异常鲜亮——可能是陈板栗，有些营养成分遭到了破坏。

❌ 个头很大——水分多，甜度不够，口感较差。

❌ 用手捏时感觉内部是空的——说明果肉干瘪，口感会很差。

❌ 用手摇晃时会发出响声——可能果肉已经干硬，口感会较差。

❌ 果肉棕褐色，坚硬无比——是陈板栗，属于次品。

表皮有一层薄粉，光泽自然，不是异常鲜亮

果肉淡黄色，水分少，口感甜，香味浓郁

用手捏时，果肉饱满，坚实，没有虫眼

果形完整，大小有一些差异，多为新板栗

表皮颜色以褐色或紫褐色为佳，尾部绒毛较多

一次吃不完，这样来保存

　　正当板栗上市的时候，为了吃到新鲜的板栗，很多人会一次性购买很多，不过买回家后保存就成了难题，如何才能保证板栗的新鲜呢？大家不妨试一试下面这几种方法。

　　方法一：把买回的板栗放到阴凉、通风的地方2~3天，阴干后把板栗装入布袋内，扎紧袋口后悬挂到阴凉、通风、干燥的地方。不过每天要摇晃1~2次，这样能保存大约4个月。

　　方法二：准备一个瓷坛和大量粗沙。首先，在坛子底部铺上一层沙子，然后放上一层晾晒好的板栗后再铺上一层沙子，以此类推，直到最后在盖上一层沙子。需要注意的是，隔一段时间要喷一次水，水不要太多，以免板栗腐烂。

　　方法三：把板栗放到淡盐水中浸泡5分钟左右，捞出用水冲洗干净后，晾晒2天左右，直到用手摇晃听到响声为止，然后把板栗装入密封袋内，把袋口扎紧后放到冰箱冷藏室保存就可以了。

这样吃，安全又健康

　　我们吃板栗主要吃的是它的果肉，所以用板栗制作美食或加工板栗时只要用水简单冲洗一下就可以了。如果觉得不是很干净，那可以用淡盐水浸泡几分钟，再用水冲洗干净就可以了。

　　板栗清洗起来简单但是剥皮就比较难了。下面我们就来说说如何剥掉板栗的外壳。

方法一：把板栗清洗干净，用刀子在凸起的地方切一道口子，把切好口子的板栗放入混合了食盐的沸水中，盖上盖子焖5分钟左右，之后趁热将皮剥下。一旦水变凉了皮就不好剥了。

方法二：把清洗干净的板栗用刀子切一道口子，之后把板栗放入高压锅或电饭锅内，不加水开火焖3分钟左右，最后趁热把皮剥下来即可。如果没有高压锅或电饭锅可以把它放入带有盖子的容器内，放到微波炉里加热。

tips 板栗的搭配小·贴士：

- 板栗 + 鸡肉：板栗有延年益寿的作用，鸡肉能提高人体免疫力、强身健体，两者一起食用能达到养身补血的作用。

板栗含有丰富的维生素以及不饱和脂肪酸，有延缓衰老、延年益寿的作用，是老年人理想的保健佳品。它具有预防高血压、心脏病以及骨质疏松等病症的作用。它含有的核黄素在治疗口腔溃疡、儿童舌头生疮方面有一定的作用。另外，它含有的碳水化合物在健脾益气、补肠胃方面也有一定功效。不过，患有糖尿病的朋友不要吃板栗，以免引起血糖升高。

板栗的营养成分表
（每100克含量）

热量及四大营养元素

热量（千卡）	212
脂肪（克）	1.5
蛋白质（克）	4.8
碳水化合物（克）	46
膳食纤维（克）	1.2

矿物质元素（无机盐）

钙（毫克）	15
锌（毫克）	
铁（毫克）	1.7
钠（毫克）	91
磷（毫克）	
钾（毫克）	
硒（微克）	
镁（毫克）	
铜（毫克）	
锰（毫克）	

维生素以及其他营养元素

维生素 A（微克）	……40		维生素 E（毫克）	……-
维生素 B₁（毫克）	……0·19		烟酸（毫克）	……1·2
维生素 B₂（毫克）	……0·13		胆固醇（毫克）	……-
维生素 C（毫克）	……36		胡萝卜素（微克）	……-

美味你来尝
——板栗烧鸡块

Ready

鸡块 1000 克
新鲜板栗 400 克

葱末
姜丝
料酒
生抽

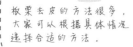

板栗去皮的方法很多，大家可以根据具体情况选择合适的方法。

 STEP 01 把板栗清洗干净，放入高压锅内压 3 分钟，之后趁热把板栗的皮剥掉，取果仁备用。

 STEP 02 把鸡块清洗干净，放入沸水中焯一下，撇去浮沫后捞出沥干水分备用。

 STEP 03 锅内倒入适量食用油，油热后下葱姜爆香，倒入适量生抽，把鸡块下锅翻炒至上色，加入适量清水煮沸后调入适量料酒煮 40 分钟左右。

 STEP 04 关火前 10 分钟左右把板栗放入锅内炖煮 10 分钟关火。关火后焖 10 分钟左右再食用味道会更加鲜美。

★这道美食在滋补、健身方面的功效较为显著。

腰果
具有润肠的功效

学名	腰果
别名	鸡腰果、介寿果、槚如树
品相特征	肾形，白色

腰果是腰果树所结出的果实，它因为坚果的外形为肾形而得此名。成熟腰果清香四溢，口感清脆，备受人们喜欢。

好腰果？坏腰果？这样来分辨

OK 挑选法

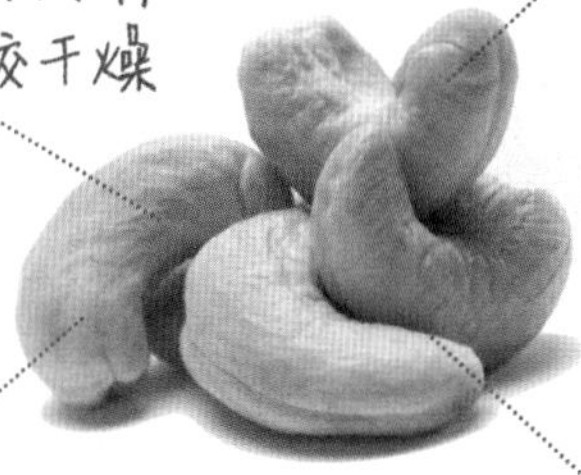

摸一摸. 用手摸时没有粘手的感觉，比较干燥

看整体. 果形为肾形，完整没有破损或缺失，果实饱满

看颜色. 颜色以白色为佳，表面没有虫眼、霉斑等

闻味道. 味道清香，没有霉味、异味和哈喇的味道

一次吃不完，这样来保存

把新鲜的腰果装入密封罐内，盖上盖子后放到阴凉、通风、干燥的地方或者放到冰箱冷藏室保存。值得注意的是，腰果不能长时间保存，因为保存时间太长会让它产生哈喇味。

这样吃，安全又健康

清洗：把新鲜的腰果放入清水中，用手搅拌一会儿，去掉杂质，然后把水倒掉，再按照上面的方法清洗，直到水不浑浊为止。

食用禁忌：腰果油脂含量极其丰富，所以胆功能欠佳、腹泻、患有肠炎的朋友最好不要吃，以免病情加重。它含有多种过敏原，所以过敏体质的朋友不能吃。另外，腰果的热量比较高，体型肥胖的朋友还是远离为好。

健康吃法：腰果含有丰富的营养元素，既可作为零食食用，也可以制作美味佳肴。食用之前，最好把清洗干净的腰果浸泡5个小时。想要吃到健康、热量较低的腰果，在炒制腰果时最好不要放食用油。为了自身健康，食用量也要控制好，每次以10~15粒为佳。

腰果的功效：

润肠通便，延缓衰老，滋润肌肤，降低胆固醇含量，保护心血管，提升机体抵抗力，消除疲惫感，通乳等。

壮心，健肺，益肾，养血，保护肝脏等，对治疗气虚胃寒、结核、贫血等功效显著。

腰果的营养成分表（每100克含量）

热量及四大营养元素

热量（千卡）	552
脂肪（克）	36.7
蛋白质（克）	17.3
碳水化合物（克）	41.6
膳食纤维（克）	3.6

矿物质元素（无机盐）

钙（毫克）	26
锌（毫克）	4.3
铁（毫克）	4.8
钠（毫克）	251.3
磷（毫克）	395
钾（毫克）	503
硒（微克）	34
镁（毫克）	153
铜（毫克）	1.43
锰（毫克）	1.8

维生素A（微克）·········8	维生素E（毫克）·········3·17
维生素B₁（毫克）·········0·27	烟酸（毫克）·········1·3
维生素B₂（毫克）·········0·13	胆固醇（毫克）·········-
维生素C（毫克）·········-	胡萝卜素（微克）·········49

美味你来尝
——腰果鸡丁

Ready

腰果 50 克
鸡肉 200 克
青红椒各 1 个
鸡蛋 1 个

姜
蒜
食盐
料酒
淀粉

腰果本身含有油脂，
炒食时可以不放油。

STEP 01 把鸡肉清洗干净，切成丁，放入小碗中，加入料酒、蛋清、淀粉，搅拌均匀后腌制一段时间。把姜切成丝，蒜切成片备用，将青红椒清洗干净，切成小块备用。把腰果清洗干净备用。

STEP 02 向锅内倒入少量食用油，油热后把腰果放入锅内用小火炒熟，盛出沥干油备用。

STEP 03 向锅内再次倒入食用油，油稍微热后下鸡丁炒制变色，之后放入蒜瓣和姜丝调味。

STEP 04 向锅内放入青红椒，炒制片刻后放入腰果翻炒，最后调入食盐和料酒调味，搅拌均匀后就可以出锅享用了。

★ 美味营养的腰果炒鸡丁在润肺止咳、除烦躁方面有一定的食疗作用。

学名	开心果
别名	阿月浑子、胡棒子、无名子
品相特征	呈卵形或长椭圆形，淡黄色
口感	甜且香气浓郁

开心果是漆树科无名木所结出的果实，因为它具有开怀解郁的作用，因而得此名号。现它已经成为了人们日常生活中的一种休闲小零食。

市场上很多开心果是商家包装好的，在挑选时，一定要选包装完好无损，在保质期范围内，厂家正规出产的产品。

好开心果？坏开心果？这样来分辨

❌ 果壳的颜色异常白净——可能用双氧水浸泡过，最好不要购买。

❌ 用手捏果壳，开口处合拢后有一条小缝隙或完全合拢——人工开口，质量较次。

❌ 果仁呈黄色——不新鲜或添加了漂白粉，质量次。

❌ 闻起来有哈喇味——存放时间太长，属于次品。

OK 挑选法

乞味清香，没
有哈喇味

用手捏果壳，开口处不能完全
合拢，有一条大缝隙

果实饱满，个头较大

果壳颜色为淡黄
色，光泽自然均匀

果仁颜色为绿色，说明没
有添加任何添加剂

一次吃不完，这样来保存

　　开心果是一种不能长时间存放的干果，因为时间一长，它就会走油甚至
变味，不但外观会受到影响，口感更是会大打折扣。那购买回开心果后，我
们应该怎么保存呢？

　　把买回的开心果放入一个大型的玻璃瓶内，可以向瓶子内放入一小袋食
品干燥剂，之后盖上盖子，把它放到阴凉、通风、干燥、避光的地方即可。
干燥剂一般是从其他袋装食品中获得的，属于再利用。需要注意的是，保存
的容器以不透明、不透光为佳。

　　如果是袋装的开心果，那在食用后可以用夹子把袋口密封好，放到阴凉、
通风、干燥处保存。一旦把包装袋打开，最好在 2~3 个月内食用完毕，以免
口感并使其营养降低。

这样吃，安全又健康

　　开心果因为成熟后会自然开口，所以食用前尽量不要清洗，以免影响
口感。

开心果可以不清洗，不过食用前需要把果壳剥掉，在剥果壳遇到一些开口较小的果实时，我们可以用开心果已经剥下的果壳的一半，把尖端插进缝隙内，用力向上撬就轻而易举地把果壳剥开了。

开心果含有丰富的矿物质元素和维生素，有延缓衰老、增强体质、润肠通便、缓解动脉硬化、降低胆固醇、缓解紧张等作用。开心果那紫红色的果衣含有丰富的抗氧化物质花青素，对保护视网膜有很好的作用。不仅如此，它还是减肥和想要保持苗条身材的女士首选的零食佳品。

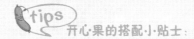

tips
开心果的搭配小贴士：

- 开心果＋青瓜＋番茄——振奋食欲，营养丰富，提高免疫力。

开心果的营养成分表
（每100克含量）

热量及四大营养元素

热量（千卡）	614
脂肪（克）	53
蛋白质（克）	20.6
碳水化合物（克）	21.9
膳食纤维（克）	8.2

矿物质元素（无机盐）

钙（毫克）	108
锌（毫克）	3.11
铁（毫克）	4.4
钠（毫克）	756.4
磷（毫克）	468
钾（毫克）	735
硒（微克）	6.5
镁（毫克）	118
铜（毫克）	0.83
锰（毫克）	1.69

维生素以及其他营养元素

维生素A（微克）	……–	维生素E（毫克）	……19.36
维生素B₁（毫克）	……0.45	烟酸（毫克）	……1.05
维生素B₂（毫克）	……0.1	胆固醇（毫克）	……–
维生素C（毫克）	……–	胡萝卜素（微克）	……–

美味你来尝
——开心果火腿沙拉

Ready

开心果 15 颗
火腿半根
黄瓜一根
红椒 1 个
罐装玉米 1 罐
柠檬半个

橄榄油
黑胡椒粉
食盐

开心果不但可以用来制作沙拉，还是糕点不错的搭档，大家在家制作糕点时不妨放上一些。

 STEP 01 把黄瓜、红椒清洗干净切成丁，把火腿切成丁，把开心果果壳剥掉，取果仁。把上述食材放入大碗中。

 STEP 02 把罐装玉米打开也倒入大碗中。

 STEP 03 将柠檬汁挤入小碗中，可以加适量柠檬果肉，以及适量的黑胡椒粉和食盐，调入橄榄油搅拌均匀，调成沙拉汁。

 STEP 04 把调好的沙拉汁倒入大碗中，搅拌均匀就可以享用了。

★这道美食有降血脂、降血压、减肥等功效。

杏仁
经常食用可以预防肿瘤

学名	杏仁
别名	苦杏仁、北杏仁、杏核仁、杏子、杏人
品相特征	扁平卵圆形，褐色

　　杏仁是蔷薇科植物杏树结出的干燥的种子。它分为甜杏仁和苦杏仁两种，一般人们常吃的为甜杏仁，苦杏仁多为药用。

好杏仁？坏杏仁？这样来分辨

OK挑选法

尝一尝。口感比较甜，没有哈喇味，牙齿咬时有清脆的响声

看颜色。表皮颜色较浅，多为浅黄色稍微带红色，新鲜的杏仁，口感、质量都比较好

摸一摸。整体较为干净，用手捏时有扎手的感觉，新鲜的杏仁

看果仁。果仁表皮多为淡黄棕色，有深棕色纹路，果仁白且干净

看外形。果形多为鸡心状或扁圆形，个头大，饱满，有均匀的光泽，质量上乘

一次吃不完，这样来保存

　　保存时，一定要为杏仁选择干燥、通风、阴凉的环境，因为它最怕受潮，一旦受潮就会发霉变质。想要防止杏仁发霉，那一定要密封保存——把它装入密封的罐子内或者密封袋内。冰箱冷藏可以延长其保质期限，不过一定要密封好，以免受潮或结冰导致杏仁发霉变质。值得注意的是，如果购买的是罐装杏仁，在没有开封的条件下，可以保存2年的时间。

这样吃，安全又健康

清洗： 杏仁在食用之前一般不需要清洗，因为水分会影响它的口感。

食用禁忌： 杏仁中含有有毒的氢氰酸，此物质一旦被人体吸收便会与细胞中的含铁呼吸酶相结合，从组织细胞输送氧气，进而造成身体缺氧，轻者出现头晕、乏力等症状，严重时会死亡，所以在吃杏仁时，一定要控制好量，以免中毒。此外，杏仁不能同猪肉、猪肺一起吃，两者同食会引起腹痛，也不能同狗肉一起食用，因为杏仁含有蛋白质，油脂多，狗肉属性热，两者一起吃会损伤肠胃。除此之外，产妇、婴儿、糖尿病朋友、体质湿热的人都不能吃杏仁。

杏仁的功效：

止咳平喘，润肠通便，降低胆固醇含量，预防心脏病和慢性病，改善癌症晚期症状，预防肿瘤等。

健康吃法： 杏仁有多种烹饪方法，既可以做粥、烙饼，也可以制作糕点、面包，甚至还可以和蔬菜搭配制作出美食。不过在食用前都要把它加工熟或用清水多次浸泡，直到苦味消失，因为生杏仁有毒性，食用后会对身体造成伤害。杏仁最佳的食用方法是用温热的油炸。

杏仁的营养成分表
（每100克含量）

热量及四大营养元素

热量（千卡）	578
脂肪（克）	50.6
蛋白质（克）	21.3
碳水化合物（克）	19.7
膳食纤维（克）	11.8

矿物质元素（无机盐）

钙（毫克）	248
锌（毫克）	3.36
铁（毫克）	4.3
钠（毫克）	1
磷（毫克）	474
钾（毫克）	728
硒（微克）	4.4
镁（毫克）	275
铜（毫克）	1.11
锰（毫克）	2.54

维生素 A（微克）.........-
维生素 B₁（毫克）.........0.24
维生素 B₂（毫克）.........0.81
维生素 C（毫克）.........-

维生素 E（毫克）.........-
烟酸（毫克）.........3.9
胆固醇（毫克）.........
胡萝卜素（微克）.........

美味你来尝
——杏仁银耳山楂羹

Ready

杏仁 25 克
水发银耳 50 克
新鲜山楂 20 克
枸杞子 20 颗

食盐
白糖
蜂蜜

 STEP 01 把银耳清洗干净，撕成小朵备用，把山楂清洗干净，去掉籽，切成薄片备用。把枸杞子、杏仁清洗干净。

 STEP 02 向锅内注入适量清水，把银耳和枸杞子放入锅内，用大火煮沸后调成中火煮 10 分钟左右。

STEP 03 把杏仁、山楂片放入锅内用大火煮沸后调入适量食盐和白糖，搅拌均匀后用小火煮 20 分钟关火。

 STEP 04 盛入碗中，等温凉后调入适量蜂蜜就可以饮用了。

如果不喜欢羹太甜，可以不加入蜂蜜或者少放一些白糖。

★这道美味的杏仁银耳山楂羹具有清泄解暑的作用，非常适合在炎热的夏季食用。

榛子

保存时注意遮光

学名	榛子
别名	山板栗、尖栗、棰子、平榛、山反栗、槌子
品相特征	接近球形，淡褐色

榛子是榛树所结出的果实，外形同常见的板栗类似。吃起来口感甘甜的它是备受人们喜爱的坚果食品之一。

好榛子？坏榛子？这样来分辨

OK挑选法

看果仁。果仁饱满，黄白色，新鲜，味道清香，口感和营养都不错

看整体。果形完整，饱满，个头较大，质量上乘

看外壳。外壳为棕色，光泽自然，质地薄，有裂口，用手一拍即开，质量较好

一次吃不完，这样来保存

保存时，把榛子装入密封、干燥的容器内或者干燥的袋子内，密封好后放到低温、通风、干燥、避光的地方室内。温度最好控制在15~20℃。避免阳光直接照射，以免油脂分解产生哈喇味，影响口感。

这样吃，安全又健康

清洗：为了保证果壳上的尘土和有害物质不污染果仁，在食用生榛子前，需要用清水冲洗一下。不过清洗时要注意，果壳损坏的不能清洗，不要在水中长时间浸泡。

食用禁忌：榛子的油脂含量极其丰富，因此不适合胆功能欠佳的朋友吃。每次食用的数量不要太多，以25~30克最佳。另外，长时间存放或有哈喇味的榛子不能吃。

健康吃法：榛子的食用方法很多，既可以生吃，也可以炒熟吃。碾碎的果仁还是制作糕点时不错的搭档。把碾碎的果仁放入牛奶、酸奶中制作成榛子乳，味道也不错。除了上述这些食用方法外，它还可以用来煮粥，口感好且营养丰富，很适合患癌症或糖尿病的朋友食用。

榛子的功效：

软化血管，治疗和预防心血管疾病，增强体质，延缓衰老，利于身体发育，明目健脑，提升记忆力，增强消化系统能力等。

榛子的营养成分表（每100克含量）

热量及四大营养元素

热量（千卡）	542
脂肪（克）	44.8
蛋白质（克）	20
碳水化合物（克）	24.3
膳食纤维（克）	9.6

矿物质元素（无机盐）

钙（毫克）	104
锌（毫克）	5.83
铁（毫克）	6.4
钠（毫克）	4.7
磷（毫克）	422
钾（毫克）	1244
硒（微克）	0.78
镁（毫克）	420
铜（毫克）	3.03
锰（毫克）	14.94

维生素 A（微克）………8	维生素 E（毫克）………36.43
维生素 B₁（毫克）………0.62	烟酸（毫克）………2.5
维生素 B₂（毫克）………0.14	胆固醇（毫克）………-
维生素 C（毫克）………-	胡萝卜素（微克）………50

美味你来尝
——榛子枸杞子粥

Ready

榛子仁 30 克
枸杞子 15 克
粳米 50 克

STEP 01 把榛子仁碾碎备用，把枸杞子清洗干净。把粳米淘洗干净后浸泡 20 分钟左右。

STEP 02 把榛子仁和枸杞子放入注入了清水的锅内煮 20 分钟左右，之后把渣滓去掉，将浸泡好的粳米下锅熬煮成粥即可。

在熬煮粳米时，火不要太大，文火最佳。

★ 每天早晚空腹喝一碗此粥，不但能达到养肝益肾的作用，还能明目和滋润肌肤呢。

松子
健康食用要因人而异

学名	松子
别名	海松子、松子仁、海松子、罗松子、红松果
品相特征	子卵状三角形, 红褐色

　　松子是松树的种子，口感非常好，风味又独特，是人们非常喜爱的干果之一。长期食用松子还会使皮肤得到滋润。

好松子？坏松子？这样来分辨

OK 挑选法

看果壳. 果壳为浅褐色, 有均匀的光泽, 质地硬

看整体. 果形完整, 颗粒饱满, 大小均匀, 没有破损

看果仁. 果仁洁白, 新鲜, 牙芯也为白色

捏一捏. 用手捏松子时, 果壳容易破碎, 声音清脆, 仁衣有皱纹且容易脱落, 质地较干

一次吃不完，这样来保存

　　保存时, 松子最怕高温、受潮, 尤其炎热的夏季。它一旦受潮很快就会发霉、变质。因此保存时, 我们可以把松子装入密封的罐子内, 在罐子里放上一小袋食品干燥剂, 密封好后放到阴凉、干燥、通风、避光处或冰箱冷藏室保存。需要注意的是, 保存时一定要避光, 因为阳光会让油脂分解, 产生哈喇味。

这样吃，安全又健康

清洗：一般来说，松子在食用前不用清洗，因为我们主要吃的是内部的果仁，会将果壳丢掉。

食用禁忌：松子食疗功效非常显著，不过并不适合所有人食用，像脾胃虚寒、腹泻以及多痰的朋友最好远离。如果松子有哈喇味，可能已经变质，最好不要食用，以免影响身体健康。

健康吃法：松子的食用方法很多，既可炒着吃也可以煮着吃。无论哪种方法，我们在吃的时候都要控制好食用的量，每天以20~30克为宜，因为松子中含有大量油脂，大量服用可能会导致脂肪增多，不但不能很好的吸收它的营养元素，还会导致身体发胖。

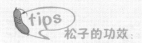

tips

松子的功效：

消除疲劳，预防心血管疾病，润肤养颜，延缓衰老，通肠便，滋阴润肺，健脑，预防老年痴呆等。

松子的营养成分表
（每100克含量）

热量及四大营养元素

热量（千卡）	698
脂肪（克）	70.6
蛋白质（克）	13.4
碳水化合物（克）	12.2
膳食纤维（克）	10

矿物质元素（无机盐）

	78
钙（毫克）	4.61
锌（毫克）	4.3
铁（毫克）	10.1
钠（毫克）	569
磷（毫克）	502
钾（毫克）	0.74
硒（微克）	116
镁（毫克）	0.95
铜（毫克）	6.01
锰（毫克）	

维生素以及其他营养元素

维生素A（微克）	……… 2	维生素E（毫克）	……… 32.79
维生素B₁（毫克）	……… 0.19	烟酸（毫克）	……… 4
维生素B₂（毫克）	……… 0.25	胆固醇（毫克）	……… -
维生素C（毫克）	……… -	胡萝卜素（微克）	……… 10

美味你来尝
——松子粥

Ready

松子 30 克
粳米 50 克

 STEP 01 把松子外壳去掉，取果仁备用。

 STEP 02 把粳米淘洗干净，用清水浸泡 20 分钟左右。

 STEP 03 向锅内注入适量清水，把松子仁放入锅内开火煮沸后，把浸泡好的粳米放入锅内，大火煮沸后用小火熬煮 30 分钟左右，粥变稠即可。

 向锅内放粳米时，最好不要把浸泡的水倒入锅内。之所以浸泡是为了煮起来方便些。

★ 此粥味道清香，在滋阴降火方面功效显著，适合阴虚火旺、口干口苦、头晕目眩的朋友吃。

罗汉果
泡茶、煲汤营养多

学名	罗汉果
别名	假苦瓜、拉汉果、光果木鳖、拉汗果、金不换、罗汉表、裸龟巴
品相特征	球形或长圆形，黄褐色

　　罗汉果是我国一种独有的葫芦科植物。罗汉果所长出的果实，经低温干燥后制作成我们常见的罗汉果。它素有良药佳果的美称。

　　在保存罗汉果时，我们可以把它装入密封的玻璃存储罐内，盖上盖子密封好后，把它放到阴凉、通风、干燥、避光的地方。

好罗汉果？坏罗汉果？这样来分辨

OK 挑选法

看整体．果形完整，没有破损或者虫蛀、发霉的迹象，果皮上有一层细小的绒毛

摇一摇．用手拿起罗汉果摇晃一下，没有声响

尝一下．尝一块果肉，味道甘甜没有苦味

看形状．个头大，形状端正、较圆

看颜色．果皮为黄褐色，有自然的光泽

掂一掂．拿起两个大小差不多的罗汉果掂一下，选择质量较重的，果肉较饱满

这样吃，安全又健康

清洗： 罗汉果的果皮非常薄，也容易破碎，所以使用之前不用清洗。

食用禁忌： 罗汉果属性寒凉，所以脾胃虚寒的朋友要远离。罗汉果味道甘甜，虽然含有大量甜味素，但是不会产生热量，所以肥胖或者患有糖尿病的朋友可以用它代替糖。

罗汉果的功效：

清热润肺，止咳化痰，润肠通便，抗衰老，降血脂等。

健康吃法： 罗汉果作为一种药食两用的食材，以泡茶、入药为主。它制作的美味茶饮种类繁多，食疗功效也很显著。在用罗汉果泡茶时，我们可以用尖锐的东西在果壳的两端各钻一个小洞，把它放入茶壶中冲入沸水就可以了。罗汉果还可以用来炖汤，它的加入会让汤变得甘甜清润。另外，它还可以用来制作糕点、饼干以及糖果等。

松子的营养成分表
（每100克含量）

热量及四大营养元素

热量（千卡）	169
脂肪（克）	0.8
蛋白质（克）	13.4
碳水化合物（克）	65.6
膳食纤维（克）	38.6

矿物质元素（无机盐）

钙（毫克）	40
锌（毫克）	0.94
铁（毫克）	2.6
铢（毫克）	10.6
钠（毫克）	180
磷（毫克）	134
钾（毫克）	2.25
硒（微克）	12
镁（毫克）	0.41
铜（毫克）	1.55
锰（毫克）	

维生素以及其他营养元素

维生素 A（微克）………-	维生素 E（毫克）………-
维生素 B₁（毫克）………0.17	烟酸（毫克）………9.7
维生素 B₂（毫克）………0.38	胆固醇（毫克）………-
维生素 C（毫克）………5	胡萝卜素（微克）………-

美味你来尝
——罗汉果枇杷汤

Ready

罗汉果 1 个
枇杷 5 个

冰糖

 STEP 01 把枇杷清洗干净，去皮去籽，取果肉备用。

 STEP 02 把罗汉果的外皮剥掉，取果肉备用。

 STEP 03 向锅内注入足量的清水，把剥好的罗汉果的果肉放入锅内，用大火煮沸后调成小火煮半个小时。

 STEP 04 等锅内的汤汁变稠后放入枇杷果肉以及 <mark>冰糖</mark> 再煮一段时间，关火后焖片刻即可饮用。

> 罗汉果本身比较甘甜，如果不喜欢汤太甜，可以不放冰糖。

> ★这道口感酸甜的汤在润肺止渴、清肺方面有不错的功效。

Part 4
海鲜干货
—— 鲜味、营养二合一，选对健康很重要

海鲜干货是营养、美味的食物，同时也是容易受到污染的食物。因此，我们需要格外注意海鲜干货的安全问题。为了吃得健康，大家需要从选购、清洗、贮存、烹饪等多个方面入手，了解海鲜干货的每个细节。

风味海生物

虾皮
破碎的虾皮不新鲜

学名	虾皮
品相特征	虾形，个头小
口感	鲜香，海腥味较重

虾皮并不是虾的皮，而是利用一种小虾通常是中国毛虾，经过晾晒后加工而成。因为毛虾晒干后肉质几乎用肉眼很难看到，让人觉得只有一层虾皮，因此被称作虾皮。为了吃到美味、健康的虾皮，大家无论是挑选还是烹饪时都要谨慎。

虾皮分为两种，一种是生晒虾皮，另一种是熟晒虾皮。前者是直接淡晒而成，鲜度比较高；后者是加盐煮熟后晒制而成，依然有鲜味。

好虾皮？坏虾皮？这样来分辨

NG挑选法

❌ 颜色为鲜红色或特别白——可能变质或用过化学原料，尽量不要购买。

❌ 缺少头或尾，身体不是弯钩形，杂质比较多——质量比较次，口感较差。

❌ 用手抓一把攥一下松开后不能很好地散开——水分含量大，不容易保存，最好不要买。

❌ 闻起来有霉味——存放时间太长或已经变质，属于次品。

❌ 尝起来比较咸——大量或长时间吃会影响身体健康，不宜选购。

OK挑选法

尝起来不是非常咸，口感自然

海鲜味浓郁，没有霉味或刺鼻的味道

用手摸起来干爽，抓一把松开后能自然散开

体形完整，个头较大，身体为弯钩形，肉质丰满

颜色为淡黄色或琥珀色，光泽自然

一次吃不完，这样来保存

保存虾皮时，如果方法不正确，那它很可能受潮变质，甚至会散发出浓烈的氨味。在保存时，很多人喜欢把虾皮直接装到食品塑料袋内放到橱柜内保存，其实这样的方法并不妥当，尤其是在闷热的夏季。

恰当的保存方法：把刚买回的虾皮装入食品保鲜袋内，密封好之后放到阴凉、通风、干燥的地方或是直接放到冰箱冷冻室保存。

如果买回的虾皮已经受潮，那我们可以把虾皮用锅炒一下，等表皮干燥后晾凉，把它装入密封袋内密封好后放到冰箱冷冻室或阴凉、干燥、通风处即可。

虾皮的种类不同，在存放时要尽量分开，以免串味，影响口感。

这样吃，安全又健康

很多人在食用虾皮之前并不清洗，其实这样的做法并不正确，因为虾皮在制作过程中或多或少都会沾上一些致癌的成分，如果不清洗，这些物

质就会进入体内进而引起身体不适。清洗时，最好用水浸泡 15 分钟左右，用冷水浸泡时中间要换 3~5 次水，用温水浸泡只需要换 2~3 次就可以了。如果不想用上面的方法清洗，可以把它放入沸水中煮 5~8 分钟。值得注意的是，浸泡的时间不要超过 20 分钟，以免虾皮中的营养元素流失。

虾皮中不但富含蛋白质，还含有多种矿物质元素，甚至被称作"钙库"。丰富的钙元素不但能促进胎儿骨骼、牙齿以及神经系统的发育，还是缺钙者补充钙的不错途径。它含有的镁元素具有调节心脏活动的能力，能很好地预防动脉硬化、高血压以及心肌梗塞等疾病。此外，常吃虾皮还能达到镇定、预防骨质疏松的功效。不过虾皮是一种发物，不适合患有皮肤病的朋友或容易上火的朋友食用。

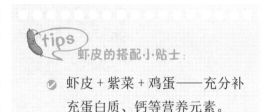

tips

虾皮的搭配·小·贴士:

- 虾皮 + 紫菜 + 鸡蛋——充分补充蛋白质、钙等营养元素。

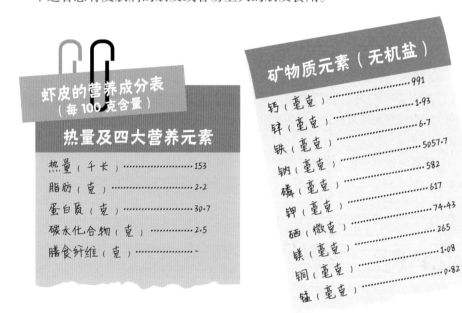

虾皮的营养成分表
（每 100 克含量）

热量及四大营养元素

热量（千长）	153
脂肪（克）	2·2
蛋白质（克）	30·7
碳水化合物（克）	2·5
膳食纤维（克）	-

矿物质元素（无机盐）

钙（毫克）	991
锌（毫克）	1·93
铁（毫克）	6·7
钠（毫克）	5057·7
磷（毫克）	582
钾（毫克）	617
硒（微克）	74·43
镁（毫克）	265
铜（毫克）	1·08
锰（毫克）	0·82

维生素以及其他营养元素

维生素 A（微克）………19	维生素 E（毫克）……0.92
维生素 B₁（毫克）……0.02	烟酸（毫克）……3.1
维生素 B₂（毫克）……0.14	胆固醇（毫克）……428
维生素 C（毫克）……-	胡萝卜素（微克）……-

美味你来尝
——肉末虾皮粥

Ready

猪瘦肉末 10 克
虾皮 5 克
大米 25 克
冬菇 5 克
白菜 25 克

食盐
葱花
食用油

STEP 01 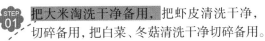把大米淘洗干净备用，把虾皮清洗干净，切碎备用，把白菜、冬菇清洗干净切碎备用。

STEP 02 把淘洗干净的大米放入锅内，加入适量清水用大火煮沸后调成小火熬煮成粥。

STEP 03 向油锅内倒入适量食用油，油热后再把肉末炒一下，之后放入虾皮、白菜以及冬菇翻炒，最后放入葱花调味。

STEP 04 把炒好的食材倒入锅内熬煮一会儿，之后调入适量食盐搅拌均匀就可以享用了。

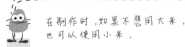在制作时，如果不想用大米，也可以使用小米。

★这道美味的粥在提高免疫力、补充维生素以及补钙方面功效较为显著。

学名	海米
别名	虾米、虾仁
品相特征	浅红色
口感	海鲜味浓郁，微咸

海米是海中所产的白虾、红虾或者青虾经过盐水焯后晒干，之后再去壳去杂质加工而成。之所以被称作海米是因为它的加工过程同舂米类似。想要吃到美味的海米，挑选和烹饪时都要谨记健康和安全这两个方面。

好海米？坏海米？这样来分辨

- ❌ 果壳通体为红色，看不到瓣节——可能是染色的虾米。

- ❌ 整体比较碎，有杂质，大小不均匀——质量比较次，口感比较差。

- ❌ 海米体形笔直或不弯曲——利用死虾加工的，质量较次。

- ❌ 尝起来咸味较重，甚至有苦涩的味道——质量差，属于次品。

- ❌ 闻起来有刺鼻的味道——可能是毒虾米，质量差，不能吃。

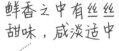
鲜香之中有丝丝甜味，咸淡适中

虾体弯曲，饱满，大小均匀

虾体为黄亮色或浅红色为主，瓣节红白相间，有斑点

整体较为干净，没有杂质、虾糠等

一次吃不完，这样来保存

　　海米虽然是干货，不过它的外壳已经被去掉了。如果保存方法不恰当，很可能会受潮变质，甚至出现臭味。如何才能保证海米鲜香的味道，又能防止它受潮变质呢？你不妨试一试下面的方法：

　　把买回的海米先摊开放到阴凉、通风、干燥的地方放置1天，之后用一个干净、干燥的塑料瓶把它装起来，再向瓶子内放上两瓣大蒜，盖上盖子放到阴凉通风、干燥地方或冰箱保存即可。

这样吃，安全又健康

　　很多人在食用海米之前都不会清洗，认为这样会让它的营养流失，其实这样的做法并不可取。因为海米在加工过程中会沾染上大量有害物质，一旦进入体内很可能会影响健康，所以在食用之前清洗是很有必要的。

清洗时，用清水浸泡一会儿，轻轻揉搓一下，再用清水冲洗干净即可。

在食用之前需要泡发，把清洗干净的海米放到温水中浸泡 10~15 分钟，当肉质变软后就可以了。

海米和虾皮的营养成分不相上下。海米也含有丰富的钙元素，也是不错的补钙食品。它富含丰富的镁元素，在保护心血管系统方面功效显著，不仅如此，它还具有降低血液中胆固醇含量、预防动脉硬化等

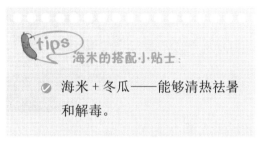

tips
海米的搭配·小·贴士：

⊘ 海米 + 冬瓜——能够清热祛暑和解毒。

作用。不过，海米是发物，不适合患有皮肤病、支气管炎以及容易上火的朋友食用。

海米的营养成分表
（每100克含量）

热量及四大营养元素

热量（千卡）	198
脂肪（克）	2.6
蛋白质（克）	43.7
碳水化合物（克）	-
膳食纤维（克）	-

矿物质元素（无机盐）

钙（毫克）	555
锌（毫克）	3.82
铁（毫克）	11
钠（毫克）	4891.9
磷（毫克）	666
钾（毫克）	550
硒（微克）	75.4
镁（毫克）	236
铜（毫克）	2.33
锰（毫克）	0.77

维生素 A（微克）	21	维生素 E（毫克）	1.46
维生素 B₁（毫克）	0.01	烟酸（毫克）	5
维生素 B₂（毫克）	0.12	胆固醇（毫克）	525
维生素 C（毫克）	-	胡萝卜素（微克）	

美味你来尝
——海米炒冬瓜

Ready

海米 10 克
冬瓜 250 克

葱末
姜片
胡椒粉
食盐
鸡精

 STEP 01 把海米清洗干净，放到水中浸泡 10 分钟左右，捞出沥干水分备用。

 STEP 02 把冬瓜去皮去瓤清洗干净，切成片备用。

 STEP 03 向锅内倒入适量食用油，油热后下葱末和姜片爆香，之后放入冬瓜和海米炒几分钟。

 STEP 04 向锅内放入胡椒粉和食盐调味，翻炒均匀后就可以出锅享用了。

冬瓜片的厚度不能太薄，如果太薄炒时容易烂掉。

★这道美味的海米炒冬瓜不但味道鲜香，还具有降血脂的功效呢。

鱿鱼干
浸泡、清洗不能马虎

学名	鱿鱼干
品相特征	长形或椭圆形，扁平片状
口感	海鲜味以及淡淡的咸味

鱿鱼干是海鱼或者桥乌贼经过加工后制作成的干品。鱿鱼干分为鱿鱼淡干品和乌贼淡干品。两者制作材料不同，品质自然也有差别，以鱿鱼淡干品为佳。

好鱿鱼干？坏鱿鱼干？这样来分辨

NG 挑选法

❌ 体形蜷缩，不完整，甚至有断头——质量比较次，口感会比较差。

❌ 肉体松软，比较薄，甚至干枯——次品，口感差，不要购买。

❌ 颜色暗红，不透明——品种较次，不适合选购。

❌ 体表有大量白霜，背部颜色暗红色或暗灰色——存放时间太长，可能已经变质。

❌ 闻起来有刺鼻的味道——可能使用过化学原料，吃后会影响身体健康。

OK 挑选法

乞味清香，没有刺鼻的味道

体表稍微有一层白色的霜

体形完整，厚薄均匀，多为扁平的薄块状

肉体洁净，没有缺损，肉质厚实

肉体颜色为黄白色或淡粉色，呈半透明状

一次吃不完，这样来保存

　　鱿鱼干属于干品，保存起来较为方便。下面有两种保存方法，大家可以根据具体情况选择。

　　方法一：把鱿鱼干悬挂到阴凉、通风、避光、低温的地方就可以了。

　　方法二：把鱿鱼干用保鲜袋装起来，扎紧袋口后放到阴凉、通风、干燥、低温处或者放到冰箱冷冻保存。

这样吃，安全又健康

　　鱿鱼干在食用之前一般需要用清水冲洗干净，泡发后要将表面的黏液以及杂质等清洗干净。鱿鱼干在食用前一定要先泡发，泡发的方法有很多，我们来看几个常用的泡发方法。

　　碱水泡发法。首先，把鱿鱼干放到冷水中浸泡 2 个小时，之后再放到按照水和食用碱 1:100 的比例混合好的水中浸泡 12 个小时，捞出来用清水彻底清洗干净就可以享用了。

香油泡发法。首先，按照鱿鱼干和香油 50:1 的比例，把香油倒入水中，同时加入少量食用碱，把水搅拌均匀后将鱿鱼干放入水中浸泡至变软即可。

鱿鱼干富含矿物质元素，对骨骼的生长有很好的促进作用，同时在治疗贫血方面也有一定效果。它含有的牛磺酸不但能阻止血液中胆固醇的积累，还能缓解身体的疲劳感，帮助恢复视力。不仅如此，它在抵抗病毒、放射线方面也发挥着一定的作用。不过，鱿鱼干属性寒凉，不适合脾胃虚寒的朋友吃。鱿鱼干属于发物，因此不适合患有皮肤疾病的朋友吃。另外，鱿鱼干含有的胆固醇较高，因此患有心血管病症的朋友最好远离。

鱿鱼干的营养成分表
（每 100 克含量）

热量及四大营养元素

热量（千卡）	313
脂肪（克）	4.6
蛋白质（克）	60
碳水化合物（克）	7.8
膳食纤维（克）	－

矿物质元素（无机盐）

钙（毫克）	87
锌（毫克）	11.24
铁（毫克）	4.1
钠（毫克）	965.3
磷（毫克）	392
钾（毫克）	1131
硒（微克）	156.12
镁（毫克）	192
铜（毫克）	1.07
锰（毫克）	0.18

维生素A（微克）...........-
维生素E（毫克）..........9.72
维生素B₁（毫克）.........0.02
烟酸（毫克）..............4.9
维生素B₂（毫克）.........0.13
胆固醇（毫克）...........871
维生素C（毫克）..........-
胡萝卜素（微克）.........-

美味你来尝
——辣椒炒鱿鱼干

Ready

鱿鱼干250克
辣椒150克

蚝油
食盐
食用油

STEP 01 把鱿鱼干清洗干净泡发好，清洗掉上面的黏液后切成丝备用。将青椒清洗干净切成丝备用。

STEP 02 把切好的鱿鱼丝内放入适量蚝油腌制片刻。

STEP 03 锅内倒入适量食用油，放入青椒丝翻炒，炒熟后盛出备用。

STEP 04 向锅内倒入适量食用油，油热后下鱿鱼丝炒熟，等鱿鱼丝稍微变弯后，把炒熟的青椒倒入锅内，加适量食盐调味就可以出锅了

喜欢吃辣椒的朋友，在炒青椒的时候可以放一些干辣椒，用油把干辣椒炸一下即可。

★青色的辣椒搭配上能阻止胆固醇在血液中积累的鱿鱼干真是一道不错的美食。

银鱼干

高蛋白、低脂肪

学名	银鱼干
别名	海蜒
品相特征	细长圆筒形，白色

银鱼干是鲜活的银鱼加工晒干而成的。虽然它的味道要比新鲜银鱼稍差一些，不过容易保存，营养功效也不比新鲜银鱼差，因此备受人们喜爱。

好银鱼干？坏银鱼干？这样来分辨

OK 挑选法

尝味道。味道鲜美，没有异味或苦涩的味道

看外形。体形完整，没有缺损，个头大小差异不大

看颜色。颜色洁白，稍微泛黄，光泽自然。颜色太白，用过漂白剂或荧光剂，质量差

看肉质。肉质鲜嫩，鱼身干爽，质量上乘

一次吃不完，这样来保存

保存银鱼干时，我们可以把银鱼干装入塑料袋密封或者装入密封罐内，放到阴凉、通风、干燥的地方。此外，我们还可以把装入保鲜袋内扎紧袋口放到冰箱冷冻保存。

这样吃，安全又健康

清洗： 把银鱼干放入容器内，用流动的清水冲洗两遍即可。最好不要用水泡，以免降低其营养成分。

食用禁忌： 银鱼干属性平和，是一种高蛋白质低脂肪的食材，所以一般人都可以吃，尤其适合身体虚弱，营养欠佳，消化不良，脾胃虚寒和患有高血脂的朋友食用。

银鱼干的功效：

润肺止咳，补脾胃，益肺利水，提升身体免疫力等。

健康吃法： 想要吃到美味的银鱼干，正确烹饪方法是必不可少的。银鱼干既可用油炸，也可以煲汤，还可以炒菜。无论采用什么方法，在食用之前都需要泡发一下，把它放到凉水中浸泡至变软，捞出沥干水分就可以使用了。

银鱼干的营养成分表（每100克含量）

热量及四大营养元素

热量（千卡）	1709.4
脂肪（克）	13
蛋白质（克）	72.1
碳水化合物（克）	-
膳食纤维（克）	-

矿物质元素（无机盐）

钙（毫克）	761
锌（毫克）	
铁（毫克）	
钠（毫克）	1000
磷（毫克）	
钾（毫克）	
硒（微克）	
镁（毫克）	
铜（毫克）	
锰（毫克）	

维生素以及其他营养元素

维生素 A（微克）………	维生素 E（毫克）………
维生素 B₁（毫克）………	烟酸（毫克）………
维生素 B₂（毫克）………	胆固醇（毫克）………
维生素 C（毫克）………	胡萝卜素（微克）………

美味你来尝
——麻辣银鱼干

Ready

银鱼干 250 克
香炸花生 100 克

蒜片
干辣椒
醋
白糖
酱油
食盐

 STEP 01 把银鱼干清洗干净，沥干水分备用。

 STEP 02 向锅内倒入适量食用油，油热后把银鱼干放入锅内炸至酥脆，捞出沥干油分。

 STEP 03 锅内留少许底油，把蒜片、干辣椒放入锅内爆香，之后把酱油、醋、白糖、食盐放入锅内，加适量水搅拌均匀煮沸。

 STEP 04 汤汁煮沸后把炸好的银鱼干和香炸花生放入锅内搅拌均匀就可以出锅了。

汤汁做的尽可能多一些，因为银鱼干浸泡汤汁之后味道会更鲜美。

★香辣的银鱼干虽然味道有一些辣，不过在补脾胃方面的功效是不可小觑的。

干贝
味道鲜美，营养丰富

学名	干贝
别名	玉珧、元贝、珧柱、江珧柱
品相特征	短圆柱形，黄色

干贝是扇贝的裙边风干后制作而成的，营养极其丰富，可以同海参、鲍鱼相媲美。如何才能在家中厨房吃到最为鲜美的干贝呢？选购最关键。

在保存干贝时，把它装入密封的保鲜盒或储藏罐内，盖上盖子密封好后放到阴凉、低温、通风处或冰箱冷藏室保存。

好干贝？坏干贝？这样来分辨

OK挑选法

看表皮。表皮颜色为淡黄色，有均匀的光泽

看外形。形状完整，粗短圆柱形，个头大小均匀

看肉质。肉质干硬，纹理细腻，体侧有柱筋，没有不完整的裂缝

尝味道。味道微咸中带有丝丝甜味，口感鲜香

闻味道。海腥味浓郁

这样吃，安全又健康

清洗：干贝在食用之前需要清洗，清洗时最好将其放到容器内，注入适量清水轻轻揉搓，把表皮上附着的杂质以及有害物质清洗掉，最后用清

水冲洗干净即可。

食用禁忌：虽然干贝的营养含量比较高，但是不能过量食用，因为这样会影响肠胃功能，造成消化不良。而且它含有的谷氨酸钠在肠道内会被细菌分解成有毒的物质，这些物质会影响大脑神经细胞的代谢。干贝不能和香肠一起吃，因为干贝含有多种胺类物质，这些物质会遇到香肠中的亚硝盐会转化成亚硝胺，对身体产生不良影响。此外，儿童和痛风朋友要远离干贝。

健康吃法：干贝在使用之前需要用温水泡发或者用水和黄酒配合姜片、葱段上火隔水蒸至变软。正确泡发干贝的方法：把干贝上的老筋、贝壳以及其他杂质清理掉，用水冲洗干净，放入容器内，加入没过干贝的清水，调入适量黄酒搅拌均匀后放上葱段和姜片，放到蒸锅内蒸 2~3 小时，直到变软即可。

tips 干贝的功效：

滋阴补肾，和胃调中，软化血管，降血压、降胆固醇，预防动脉硬化，抗癌等。

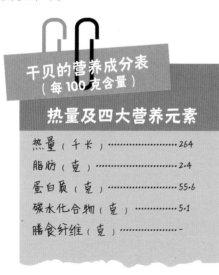

干贝的营养成分表（每100克含量）

热量及四大营养元素

热量（千卡）	264
脂肪（克）	2.4
蛋白质（克）	55.6
碳水化合物（克）	5.1
膳食纤维（克）	-

矿物质元素（无机盐）

钙（毫克）	77
锌（毫克）	5.05
铁（毫克）	5.6
钠（毫克）	306.4
磷（毫克）	504
钾（毫克）	969
硒（微克）	76.35
镁（毫克）	106
铜（毫克）	0.1
锰（毫克）	0.43

维生素A（微克）………11	维生素E（毫克）……1.53
维生素B₁（毫克）……-	烟酸（毫克）……2.5
维生素B₂（毫克）……0.21	胆固醇（毫克）……348
维生素C（毫克）……-	胡萝卜素（微克）……-

美味你来尝
——干贝冬瓜球

Ready

冬瓜 500 克
干贝 50 克

韭菜
蒜
食盐
生抽
食用油

韭菜比香葱提鲜的效果好，如果没有韭菜也可以用香葱代替。

STEP 01 把干贝清洗一下，放到清水中泡发，泡发好后再用清水冲洗干净，沥干水分备用。

STEP 02 把冬瓜去皮去籽，清洗干净后用挖球器挖成球形备用。将韭菜择洗干净，切成末备用。把蒜切成片备用。

STEP 03 向锅内倒入适量食用油，油热后下蒜爆香，之后倒入冬瓜球翻炒，片刻后倒入生抽以及干贝翻炒，加入适量清水，盖上盖子焖煮10分钟左右。

STEP 04 把韭菜末放入锅内，调入适量食盐，搅拌均匀就可以出锅了。

★美味的干贝冬瓜球在清热化痰，滋阴补肾方面有一定的作用。

干海参
被染过的多呈炭黑色

学名	干海参
别名	刺参、海鼠
品相特征	圆筒状，外有细密肉刺

干海参是海参的干制品。它虽然不如新鲜海参的营养价值高，不过干制后其营养元素更容易被人体吸收了。

好干海参？坏干海参？这样来分辨

OK挑选法

看整体。体形完整、端正、丰满，没有残损，个头大小均匀，重量为 7.5~15 克为佳

看肉质。整体干燥，肉质厚，肉刺直挺，嘴巴处石灰质少量，切口整齐

看表皮。表皮黑灰色或者灰色，炭黑色则可能是染色的干海参

看杂质。体内杂质较少，体表和体内没有结晶盐，没有木炭粉或草木灰

泡发后。色泽鲜亮，肉质肥厚有弹性，内部没有硬心，肉质完整

在保存干海参时，我们可以把它装入两层塑料袋内，同时放入几瓣蒜，之后把袋口扎紧，悬挂到通风、阴凉、避光的地方。这样能很好地防止干海参变质、生虫。

已经泡发好的海参不能长时间放置，一般不要超过 3 天。存放时最好把它浸泡在 0~5℃的冷水中，每天换水 2 次左右。需要注意的是，在保存时尽量不要让它碰到油。我们还可以把泡发好的海参装入密封袋内，密封好后把它放到冰箱冷冻室保存。最好用容量较小的密封袋单独包装。

这样吃，安全又健康

清洗：海参在食用之前不但需要清洗，还需要泡发。清洗很简单，我们只需要用清水将干海参表面的灰尘冲掉即可。泡发就比较麻烦了，接下来我们来详细说一说。

第一步：把清洗干净的干海参放入没有油的盆子内，倒入清水浸泡 2 天的时间，浸泡期间需要换水 3~4 次。

第二步：用剪刀沿着泡软的海参的开口处剪开，把沙嘴和牙齿去掉，把内壁上的筋挑断后，用水把海参内外的沙尘冲洗干净。

第三步：把泡软的海参放入没有油的锅内，加入足量的清水，大火煮沸后调成小火煮 1 个小时。关火后盖上盖子焖至水自然变凉。如果还有没有煮软的，可以再煮 10 分钟左右。

第四步：把煮软的海参放入没有油的盆子内，倒入清水，放入冰箱冷藏室，2 天后就可以享用了。不过在浸泡期间需要每天换水 1 次。

值得注意的是，无论浸泡还是用水煮都不能有油、食盐、食用碱等，因为这些物质会阻碍海参吸水，从而影响泡发的质量。

食用禁忌：干海参虽然含有丰富的营养元素，属于八珍之一，不过并不是所有人都适合吃，像肾功能欠佳的人就不可以大量吃，因为干海参属于高蛋白的食材，分解后产生的氨基酸多通过肾脏排出体外，大量食用必然会加重肾脏的负担。另外，在食用海参的时候最好不要吃含有鞣酸的水果，比如山楂、葡萄、柿子等，这是因为海参中的蛋白质遇到鞣酸会凝固，引起消化不良，甚至腹部不适。

健康吃法： 干海参泡发后可以烹饪成不同的美食，不过最好不要深加工，因为深加工会阻碍海参自身营养的释放。最佳的烹饪方法是水煮、清炖或者凉拌，忌红烧。在烹饪海参时不要放醋，因为醋会让海参中胶原蛋白的营养大打折扣。想要吃到美味的海参，又要保证身体健康，那我们食用的季节要选对，一般春季不适合大量吃海参，因为大量的海参进入体内会导致上火。另外，为了不让身体上火，食用的量也要控制好，每天1只即可。

tips 干海参的功效：

促进身体发育，提升免疫力，健脑，美容养颜，消除疲劳，抑制血栓形成和癌细胞生长，降血脂、降血压、降胆固醇含量，治疗前列腺疾病，提升造血功能，预防老年痴呆等。

干海参的营养成分表
（每100克含量）

热量及四大营养元素

热量（千卡）	262
脂肪（克）	4.8
蛋白质（克）	50.2
碳水化合物（克）	4.5
膳食纤维（克）	-

矿物质元素（无机盐）

钙（毫克）	-
锌（毫克）	2.24
铁（毫克）	9
钠（毫克）	4968
磷（毫克）	94
钾（毫克）	356
硒（微克）	150
镁（毫克）	1047
铜（毫克）	0.27
锰（毫克）	0.43

维生素以及其他营养元素

维生素 A（微克）	39	维生素 E（毫克）	—
维生素 B₁（毫克）	0·04	烟酸（毫克）	1·3
维生素 B₂（毫克）	0·13	胆固醇（毫克）	62
维生素 C（毫克）	—	胡萝卜素（微克）	—

美味你来尝
——海参粥

Ready

海参 100 克
大米 50 克
上汤一大碗

葱末
姜片
枸杞子
食盐

 把干海参清洗干净，放入加了姜片的沸水中煮 5 分钟左右，捞出后沥干水分，切成片备用。把大米淘洗干净，用清水浸泡 30 分钟左右。

 向锅内倒入上汤，把大米和水一起倒入锅内，用大火煮沸后调成小火熬煮 20 分钟左右。

 把切好的海参片放入锅内，再熬煮 5 分钟左右。

 将枸杞子清洗干净，连同葱末一起放入锅内，熬煮 10 分钟左右，最后调入适量食盐搅拌均匀就可以享用了。

水量一定要充足，如果浸泡米的水比较少，那就需要再加入适量水。

★鲜美的海参粥在润燥、滋阴、补肾方面有一定作用。

学名	鱼肚
别名	鱼胶、白鳔、花胶、鱼鳔
品相特征	圆形或椭圆形片状，颜色以淡黄色为主

鱼肚其实是鱼鳔的干制品。鱼鳔是掌控鱼类呼吸和沉浮的重要器官。晒干后的鱼鳔因为含有丰富的胶质，又被称作"花胶"。

好鱼肚？坏鱼肚？这样来分辨

看韧性。质地韧性好，不容易撕开，断裂的地方多呈纤维状

掂重量。选择重量较重的，但是不要选择中间湿两边干的"花心"鱼肚

看外形。外形完整，没有碎屑，边缘整齐

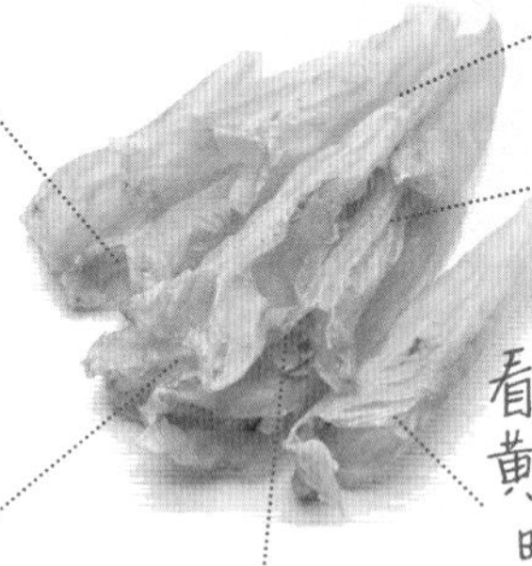

看肉质。肉质厚，在阳光下为透明状，质地洁净，没有血筋、杂质等，纹理清晰

看颜色。多为淡黄色或金黄色，自然光泽。发白说明是新鱼肚，口感不好

尝味道。有鱼腥味，不过味道较淡。炖煮后，水不浑浊，黏性比较强

鱼肚在保存时，要注意防潮和防生虫。我们可以把鱼肚放入密封的储藏罐内，再放上一包食品干燥剂或几瓣大蒜，最后密封好放到阴凉、通风、干燥的地方保存。此外，我们还可以把鱼肚装入保鲜袋内，扎紧袋口后放到冰箱冷冻保存。需要注意的是，泡发好的鱼肚不能长时间存放，最好尽快食用完毕。

这样吃，安全又健康

清洗： 鱼肚在使用之前需要清洗和泡发。清洗比较简单，我们只需要把鱼肚放入清水中稍微浸泡，然后用手轻轻搓洗一下就可以了。泡发是比较重要的。在泡发前我们可以先把清洗干净的鱼肚放入水中浸泡 12 个小时以上，之后再把它放入煮沸的水中焖泡至水冷却后，用热水反复浸泡 2 遍即可。需要注意的是，在用清水浸泡时需要换水，以免鱼肚发臭。泡发的容器不能有油，以免影响泡发质量。

鱼肚的功效：

滋阴补肾，美容养颜，强壮身体，抵抗癌症，延缓衰老，促进发育，止血消肿等。

食用禁忌： 鱼肚虽然含有丰富的营养元素，不过并不是所有人都可以吃，像痰多、舌苔比较厚且腻，感冒没有完全好的人以及食欲不振的人最好都不要吃。

健康吃法： 泡发好的鱼肚要比干鱼肚重很多倍。这时的鱼肚烹饪方法众多，既可以做成美味的菜肴，也可以用来煲汤，其中以煲汤的食疗功效最为显著，首先把上汤煲好，然后把鱼肚放入煮 20 分钟即可。品质好的鱼肚在炖煮较长时间后会慢慢融化，冷却后又会变成胶质。想要去掉鱼肚的腥味，我们可以把它放入混合了姜、葱、油、食盐和料酒的沸水中煮 15 分钟左右。需要注意的是，在用鱼肚煲汤时，最好在锅底放上一个竹笪，这样能很好地防止鱼肚被烧焦了。

鱼肚的营养成分表
（每100克含量）

热量及四大营养元素

热量（千卡）	340
脂肪（克）	0.2
蛋白质（克）	84.4
碳水化合物（克）	0.2
膳食纤维（克）	-

矿物质元素（无机盐）

钙（毫克）	50	钾（毫克）	-
锌（毫克）	-	硒（微克）	-
铁（毫克）	2.6	镁（毫克）	-
钠（毫克）	-	铜（毫克）	-
磷（毫克）	29	锰（毫克）	-

维生素及其他营养元素

维生素A（微克）	-	维生素E（毫克）	-
维生素B$_1$（毫克）	-	烟酸（毫克）	-
维生素B$_2$（毫克）	-	胆固醇（毫克）	-
维生素C（毫克）	-	胡萝卜素（微克）	-

美味你来尝
——鸡爪鱼肚汤

Ready

鸡爪 8 只
鱼肚 150 克
冬菇 6 颗

姜片
食盐

水一定要足量，因为炖煮的时间比较长，以免糊锅。

STEP 01 把鱼肚清洗干净，放入水中浸泡一晚上泡发，泡软后清洗一下，切成片备用。

STEP 02 把鸡爪上的趾甲去掉，用水清洗干净，放入沸水中焯一下，撇去浮沫后捞出沥干水分备用。把冬菇清洗干净，切成小块备用。

STEP 03 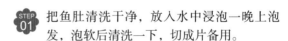用大火煮沸后把鸡爪、鱼肚放入锅内用大火煮沸后调成小火，把冬菇和姜片放入锅内搅动后熬煮4个小时。

STEP 04 关火后，加入适量食盐调味就可以食用了。

★味道鲜美的鸡爪鱼肚汤在滋阴、补气方面有一定功效。

常见的海菜

海带
别把白霜当成雪霜

学名	海带
别名	昆布、江白菜、纶布、海昆布、海马蔺、海带菜、海草
品相特征	带状，褐色
口感	微咸

海带是生活中最常见的海味蔬菜之一，因其在海水中生长，外形又酷似带子，所以得此名。常见的海带多是干货，质量也是参差不齐，大家在挑选时一定要认真，这样才能买到健康、安全的海带。

购买整捆的干海带时，大家一定要打开查看，一定不要被整齐的外表蒙蔽了双眼。

好海带？坏海带？这样来分辨

NG 挑选法

❌ 打开海带卷，叶片窄且较碎——质量较次，口感和营养都比较差。

❌ 叶片上有孔洞或者大面积破损——可能是虫蛀或变质的，不宜选购。

❌ 海带表面没有白色粉末或比较少——陈货或者变质的，质量较次，最好不买。

❌ 颜色黑色，且有枯黄的叶子——已经变质，属于次品。

❌ 清洗后水的颜色异常——已经变质，不能食用。

OK 挑选法

颜色为浓绿色或紫色中稍微有点黄，没有枯萎的叶子

叶片宽且厚实，表面有一层白霜

用手摸时，干燥没有粘手的感觉

整捆的干海带，泥沙比较少或没有泥沙

整体较为干净，叶片上没有虫洞或者霉斑

一次吃不完，这样来保存

　　干海带存储起来似乎非常容易，其实并非如此，如果存储的方法不恰当，很容易让它的营养和口感下降，尤其是在炎热的夏季。

　　把晒干的海带装入塑料袋内，扎紧袋口后放到阴凉、通风、干燥的地方就可以了。只要保证海带不受潮，可以保存 1 年以上。

　　保存煮软的海带时需要先沥干水分，然后装入保鲜袋内，扎紧袋口放到冰箱冷冻保存即可。食用之前需要再用热水焯一下。

这样吃，安全又健康

　　从市场上买回的海带表面有一层白色物质，很多人觉得不干净，其实这是一种营养元素，一旦长时间浸泡便会溶于水中。所以在清洗海带的时候不要将其放到水中长时间浸泡。只需要把海带放入水中浸泡片刻，用手轻轻搓洗掉表面的沙子，再用清水冲洗干净即可。

干海带不能直接食用，我们需要采取方法使其变软。下面我们就来看看海带变软的方法：干海带在食用之前上锅蒸 10~15 分钟，等海带变软后再用清水浸泡一晚即可。或者把海带放入淘米水中浸泡或者在用水煮海带的时候放上少许食用碱，变软后再用凉水浸泡，清洗干净就可以了。

海带中含有多种营养元素的蔬菜，有利尿消肿、祛脂降压等功效。它富含碘元素，在治疗甲状腺功能低下方面有不错的效果，很适合"粗脖子病"的人吃。它含有的甘露醇以及多种矿物质元素在预防心血管疾病、降低血脂和血糖方面有一定的作用。此外，它还具有减少放射性疾病、润发、御寒以及防癌抗癌的作用。不过海带是一种属性寒凉的蔬菜，所以不适合脾胃虚寒以及患有肠炎的朋友食用。

海带的搭配·小·贴士：

- 海带＋豆腐：海带中富含碘元素，豆腐中的营养元素会促进人体吸收碘元素，从而达到预防碘元素缺乏的病症。

海带的营养成分表
（每 100 克含量）

热量及四大营养元素

热量（千卡）	77
脂肪（克）	0.1
蛋白质（克）	1.8
碳水化合物（克）	23.4
膳食纤维（克）	6.1

矿物质元素（无机盐）

钙（毫克）	348
锌（毫克）	0.65
铁（毫克）	4.7
钠（毫克）	327.4
磷（毫克）	52
钾（毫克）	761
硒（微克）	5.84
镁（毫克）	129
铜（毫克）	0.14
锰（毫克）	1.14

维生素以及其他营养元素

维生素A（微克）	……40	维生素E（毫克）	……0.85
维生素B₁（毫克）	……0.01	烟酸（毫克）	……0.8
维生素B₂（毫克）	……0.1	胆固醇（毫克）	……-
维生素C（毫克）	……-	胡萝卜素（微克）	……240

美味你来尝
——土豆丝凉拌海带

Ready

干海带 15 克
土豆 1 个
红椒 1 个

酱油
醋
食盐
辣椒油
白糖

STEP 01 把干海带放入水中浸泡，变软后清洗干净切成丝，并放入沸水中焯一下，捞出沥干水分备用。

STEP 02 把土豆去掉皮后清洗干净切成丝，放入清水中浸泡一会儿，捞出后放入沸水中焯熟，捞出沥干水分备用。

STEP 03 准备一个小碗，放入酱油、醋、白糖、食盐以及辣椒油，搅拌均匀后备用。

STEP 04 将焯好的土豆丝和海带丝放入大碗中，倒入调好的调味汁搅拌均匀即可享用。

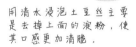
用清水浸泡土豆丝主要是去掉上面的淀粉，使其口感更加清脆。

★这道美食口感香辣清脆，是补充钙、铁以及碘的上好菜肴。

紫菜
一捏就碎是劣质品

学名	紫菜
别名	紫英、索菜、子菜、海苔、紫瑛
品相特征	紫色，丝带状聚合成薄片
口感	清香的海味

紫菜因其颜色为紫色而得名，它其实是一种在浅海岩礁上生长的红藻类植物，经过晒干加工后便成了我们常见的紫菜干货。紫菜味道鲜美，是餐桌上常见的佳肴。

好紫菜？坏紫菜？这样来分辨

❌ 颜色黄绿色，色泽暗淡，片比较厚——口感和营养都不好，质量较次。

❌ 混有杂质或泥沙——质量较次，不适合选购。

❌ 整体不完整，有小洞或缺角——运输中保管欠妥当，遭到破坏，质量次。

❌ 摸上去潮湿或有油腻感——不新鲜的或是变质的，质量次。

❌ 用手捏一下就会碎——质量比较次，不适合选购。

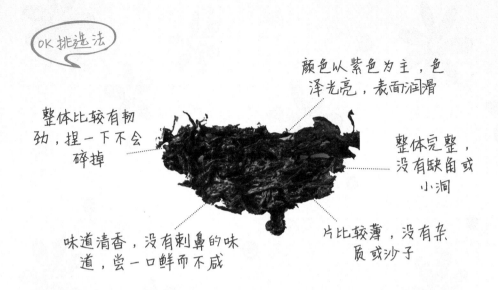

OK 挑选法

颜色以紫色为主，色泽光亮，表面润滑

整体比较有韧劲，捏一下不会碎掉

整体完整，没有缺角或小洞

味道清香，没有刺鼻的味道，尝一口鲜而不咸

片比较薄，没有杂质或沙子

一次吃不完，这样来保存

　　紫菜非常容易受潮，所以在保存时干燥的环境是不可缺少的条件。一旦受潮，紫菜的口感不但会受到影响，变质的速度也会加快。所以一定要密封保存。

　　在保存时，我们可以把干燥的紫菜装入密封袋内，密封好后放到阴凉干燥的地方即可。

这样吃，安全又健康

　　平时，很多人在吃紫菜时很少清洗。如果我们购买的是包装好的，那的确可以不用清洗，不过如果购买的是散装的紫菜，那在食用之前最好清洗一下。我们可以把紫菜放入水中泡软，然后抓起它在水中轻轻摇晃片刻，把紫菜中的沙子清洗掉即可。

紫菜含有丰富的营养元素，有清热利水、补肾养心、降血糖降血脂等功效。它富含碘元素，在治疗因缺碘而引起的甲状腺肿大方面有很好的作用。它富含的矿物质元素在提升记忆力，治疗贫血和促进骨骼、牙齿等发育方面有一定的作用，不仅如此，它还具有预防肿瘤、提升免疫力等方面的作用。虽然它的食疗功效非常显著，不过脾胃虚寒、消化功能欠佳以及腹疼便溏的朋友最好不要大量食用。想要健康吃紫菜，每次食用时不要超过50克。每周食用紫菜2~3次最有利于人体吸收它的营养元素。

tips

紫菜的搭配小·贴士：

- 紫菜 + 萝卜：紫菜具有止咳化痰的功效，萝卜在润肺除燥方面功效显著，两者一起食用具有清除肺热、治疗咳嗽的作用。

紫菜的营养成分表
（每100克含量）

热量及四大营养元素

热量（千卡）	207
脂肪（克）	1·1
蛋白质（克）	26.7
碳水化合物（克）	44·1
膳食纤维（克）	21·6

矿物质元素（无机盐）

钙（毫克）	264
锌（毫克）	2.47
铁（毫克）	54.9
钠（毫克）	710.5
磷（毫克）	69
钾（毫克）	1796
硒（微克）	7.22
镁（毫克）	350
铜（毫克）	1.68
锰（毫克）	4.32

维生素以及其他营养元素

维生素A（微克）	228	维生素E（毫克）	1.82
维生素B₁（毫克）	0.27	烟酸（毫克）	7.3
维生素B₂（毫克）	1.02	胆固醇（毫克）	-
维生素C（毫克）	2	胡萝卜素（微克）	1370

美味你来尝
——紫菜蛋花汤

Ready

紫菜 10 克
鸡蛋 2 个
虾皮 10 克

食盐
香油

STEP 01 把虾皮浸泡一下清洗干净备用，把鸡蛋打散备用。

STEP 02 向锅内注入适量清水，把清洗干净的虾皮放入锅内用大火煮沸后煮 5~6 分钟。

STEP 03 调成小火后，把打散的鸡蛋淋入虾皮汤内。

STEP 04 把紫菜用剪刀剪碎后，放入锅内，同时加入适量食盐，搅拌均匀后淋上香油就可以出锅食用了。

向锅内淋入鸡蛋液时，最好让液体为线状，这样出来的蛋花比较好看。

★这道美食味道清香，口感清淡，有止咳化痰、润燥等功效。

Part 5

调味品干货

——虽然是配料，但保健功效显著

有些人认为，调味品就是用来增加食物的风味，让食物看起来好看或尝起来好吃。其实，调味品的作用远不止这些，它还对人们的健康起着潜移默化的影响。如果调味品质量差、在存储过程中变质或食用方法不当，都会给人们的健康埋下隐患。因此，掌控调味品的安全十分重要。

常见的香辛料

花椒
干燥、杂质少的品质好

学名	花椒
别名	青花椒、狗椒、蜀椒、红椒、红花椒
品相特征	球形，红色或紫红色
口感	气味芳香

花椒是一种常用的调味料。它是由植物青椒成熟后的果实的果皮经过干燥后而制成的。立秋前后是花椒成熟的季节。花椒虽然在烹饪中不能大量使用，不过也是不能缺少的调味品。为了能食用到安全的花椒，大家无论是挑选还是使用都要小心谨慎才可以。

好花椒？坏花椒？这样来分辨

NG挑选法

❌ 花椒不完整，有破损，掺有杂质——劣质品，香气和营养都比较差。

❌ 看上去没有光泽——质量较次，最好不要买。

❌ 有很多花椒籽，开口也比较小——质量次，不适宜选购。

❌ 用手掂一掂重量比较重，搓一下没有香气——可能用水泡过，劣质品。

❌ 用手捏的时候很难捏碎——比较潮湿，重量比较重，质量次。

❌ 用水浸泡时水会变成红色——质量比较次，不适合选购。

OK 挑选法

整体比较整洁，
杂质较少

用手搓花椒后
有香气飘出来

颜色为红棕
色，有自然
的光泽

用水浸泡时，水
会变成浅褐色

抓起来时会发出"沙沙"
的响声，质量比较轻

用手摸时干燥，
有扎手的感觉，
一捏就碎

颗粒饱满，籽比较
少，开口比较大

一次吃不完，这样来保存

　　花椒很容易受潮，一旦受潮就会发霉长出白膜甚至变味。所以保存时一定要选择适合的环境。

　　恰当的保存方法：把花椒装入储藏罐内，盖上盖子放到阴凉、通风、干燥的地方即可。此外，我们还可以把花椒装入密封袋内，密封好后放到冰箱冷冻保存。

这样吃，安全又健康

　　花椒作为日常常用的干货调味品，在使用之前一般不需要清洗。不过为了身体健康考虑，在使用之前最好用水冲洗一下或用干净的湿布擦拭一下。需要注意的是，用多少清洗多少。

花椒的果皮含有大量芳香油，这种物质不但能去除肉的腥味和膻味，还能促进唾液分泌，增加食欲。花椒在降血压方面也有一定作用。不过花椒属性热，所以不适合孕妇和阴虚火旺的人食用。夏季也最好少吃。平日我们还可以用花椒

花椒的搭配小·贴士：

花椒作为一种调味品，在食物搭配方面没有特别的禁忌，大家可以放心使用。

来驱除苍蝇和蚂蚁等来保存食物。不仅如此，它在治疗因热胀冷缩引起的牙痛方面也有很好的疗效。为了让花椒的功效和香味充分发挥出来，在用油炸花椒时油温不能太高。在制作美食时，最好把炸好的花椒捞出来后再烹饪。

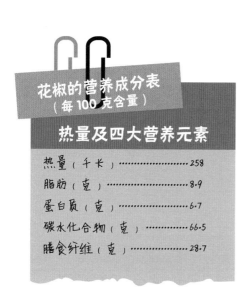

花椒的营养成分表
（每100克含量）

热量及四大营养元素

热量（千卡）	258
脂肪（克）	8.9
蛋白质（克）	6.7
碳水化合物（克）	66.5
膳食纤维（克）	28.7

矿物质元素（无机盐）

钙（毫克）	639
锌（毫克）	1.9
铁（毫克）	8.4
钠（毫克）	47.4
磷（毫克）	69
钾（毫克）	204
硒（微克）	1.96
镁（毫克）	111
铜（毫克）	1.02
锰（毫克）	3.33

维生素 A（微克）………… 23	维生素 E（毫克）………… 2.47
维生素 B₁（毫克）………… 0.12	烟酸（毫克）………… 1.6
维生素 B₂（毫克）………… 0.43	胆固醇（毫克）………… -
维生素 C（毫克）………… -	胡萝卜素（微克）………… 140

美味你来尝
——花椒烤杏仁

Ready

杏仁 250 克
花椒 10 克

食盐
白糖

STEP 01 把花椒和食盐放入大盆内，倒入温水后搅拌均匀。

STEP 02 把杏仁清洗干净，沥干水分后放入花椒水中浸泡 60~70 分钟。

STEP 03 把花椒拣出来，把杏仁捞出来沥干水分。

STEP 04 把沥干水分的杏仁均匀地铺在烤盘内，撒上适量白糖，放入已经预热的烤箱内用 170℃ 的温度烤 15 分钟左右即可。

在用烤箱烤杏仁的时候，中间要记得翻动一次。

★这道美食杏仁的香甜加上止泻止痛的花椒制作成了一道味美的小零食。

干辣椒

受潮后容易霉烂

学名	干辣椒
别名	筒筒辣角、干海椒
品相特征	红色或红棕色，果皮革制
口感	辛辣

　　干辣椒是红辣椒经过干燥后制作而成。它的口感虽然没有办法和新鲜的辣椒相匹敌，不过因为它的水分含量低，容易保存，一直受到人们亲睐。如何才能食用到健康的干辣椒呢，我们不妨来看看下面这些方面。

　　市面上常见的干辣椒有两种，一种是北京的朝天椒，长3~5厘米，有干香的辣味；另一种四川的海椒，水分含量比较低，最容易保存，有浓郁的辣椒香。

好干辣椒？坏干辣椒？这样来分辨

NG 挑选法

❌ 整体破碎较多，很多不完整的辣椒——质量比较差，营养和口感都不好。

❌ 闻起来有刺鼻的味道——可能已经破损，最好不要购买。

❌ 摸上去有潮湿、绵软的感觉——可能干辣椒已经受潮，最好不要购买。

❌ 表面有霉斑或虫斑——质量较次，不宜购买。

❌ 颜色为枯黄色，没有光泽——劣质品，不适合选购。

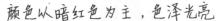

颜色以暗红色为主，色泽光亮

整体完整，没有
破损，没有虫斑

闻起来有一股干香
或浓郁的辣味

摸上去整体
较为干燥

一次吃不完，这样来保存

　　干辣椒在保存过程中最怕受潮，一旦受潮很容易发霉变质。所以在保存干辣椒时，我们一定要选择合适的环境。

　　我们可以把买回的干辣椒装入密封袋内，密封好后放到阴凉、通风、干燥的地方即可。如果是自己制作的干辣椒，那可以把它用线串起来悬挂在干燥、通风、避雨的地方。

这样吃，安全又健康

　　干辣椒在制作过程中或多或少都会沾上灰尘或细菌，所以在使用之前一定要清洗一下。清洗并不一定要用水，我们可以用潮湿干净的抹布擦拭，把上面的灰尘擦掉即可。如果一定要用水清洗，那可以把它用清水冲洗一下，晾干后再使用。

干辣椒含有多种营养元素，有健胃、促消化，促进血液循环，抗菌，减肥等作用。干辣椒中含有的辣椒素有抑制胃酸分泌，促进碱性黏液分泌，从而达到预防和治疗胃溃疡的作用。虽然干辣椒有不错的食疗功效，不过干辣椒属性热，所以患有咳嗽、眼病以及内火比较旺盛的朋友最好不要吃。

干辣椒的搭配·小贴士：

- 干辣椒＋鸡蛋：两者一起食用，能促进身体吸收干辣椒中含有的维生素。

干辣椒的营养成分表
（每100克含量）

热量及四大营养元素

热量（千卡）	212
脂肪（克）	12
蛋白质（克）	15
碳水化合物（克）	52.7
膳食纤维（克）	41.7

矿物质元素（无机盐）

钙（毫克）	12
锌（毫克）	8.21
铁（毫克）	6
铁（毫克）	4
钠（毫克）	298
磷（毫克）	1085
钾（毫克）	—
硒（微克）	131
镁（毫克）	0.61
铜（毫克）	11.7
锰（毫克）	

维生素 A（微克）	…………-	维生素 E（毫克）	…………8.76
维生素 B₁（毫克）	…………0.53	烟酸（毫克）	…………1.2
维生素 B₂（毫克）	…………0.16	胆固醇（毫克）	…………-
维生素 C（毫克）	…………-	胡萝卜素（微克）	…………-

美味你来尝
——辣子鸡丁

Ready

鸡腿肉 500 克
青笋 1 根
麻椒 10 克
干辣椒 10 克

炸好的花生米
蒜
姜
生抽
食盐
鸡精

STEP 01 把鸡腿肉清洗干净，切成小丁，放入碗中，加入生抽、食盐以及鸡精搅拌均匀腌制片刻。

STEP 02 将干辣椒用水冲洗一下，沥干水分后切成段备用，把青笋清洗干净，切成小段备用。将姜和蒜切成片备用。

STEP 03 向锅内倒入适量食用油，油 8 成热后下鸡腿肉翻炒至金黄，捞出沥出油备用。

STEP 04 锅内留少许油，下麻椒、干辣椒炸一下后，放入姜片和蒜片爆香，之后放入青笋翻炒一下，随即放入鸡块翻炒，然后下炸好的花生米翻炒，最后放入适量食盐和鸡精调味就可以出锅了。

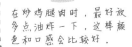
在炒鸡腿肉时，最好放多点油炸一下，这样颜色和口感会比较好。

★这道美食口味麻辣鲜香能让人胃口大开，是下饭的佳肴。

八角茴香

去腥又开胃

学名	八角茴香
别名	舶上茴香、八角珠、八角香、八角大茴、八角、大料、大茴香等
品相特征	八角形，红褐色
口感	香气浓郁，口感辛甜

　　八角茴香是八角茴香的果实。作为一种日常生活中不可缺少的调味料，我们应该怎样挑选才能买到健康安全的八角茴香呢，我们应该如何使用才能在保证身体健康的前提下让它的功效彻底发挥出来呢？想要知道这些，不妨来看看下面的内容。

好八角茴香？坏八角茴香？这样来分辨

❌ 11~12 个荚角，荚果瘦长，尖部向上弯曲——可能是莽草，有毒，不能食用。

❌ 闻起来有花露水或者樟脑的味道——可能是莽草，有毒、不能购买。

❌ 尝起来舌头有麻麻的感觉——可能是莽草，有毒，不能购买。

❌ 颜色比棕红色浅，甚至呈土黄色——可能是假八角，不能选购。

❌ 闻起来气味非常淡——可能用水浸泡过，质量较次。

OK挑选法

气味芳香，浓郁，没有异味。尝起来有辛甜味

荚果以 7~10 个荚角为宜，8 角的居多

表皮粗糙，上面有凹凸不平的褶皱

颜色为红棕色，有自然的光泽，内部颜色比较浅

荚角整齐、肥硕，尖部平直，腹部开裂，内有1枚种子

一次吃不完，这样来保存

八角茴香是一种香气浓郁的调味料，在保存时不但要防止它的香气溢出，还要防止它受潮。一旦八角茴香受潮变质，最好不要再食用了。

正确的保存方法是：把干燥质量上乘的八角茴香放入密封的容器内，比如玻璃储藏瓶内或者塑料容器内，把盖子盖好后放到阴凉、干燥、通风的地方就可以了。

这样吃，安全又健康

八角茴香是一种干燥、香气浓郁的调味料，为了保证它的香气能充分

发挥出来，在使用之前可以不用清洗。不过为了健康考虑，大家在使用之前还是用清水冲洗一下为好。

八角茴香含有的茴香油具有很强的刺激作用，在促进消化液分泌，提升肠道蠕动以及健胃、缓解疼痛方面有一定的作用。它还在增加白细胞方面有一定的作用，比较适合有白细胞减少症的人食用。此外，八角茴香在驱寒方面也有一定的功效。不仅如此，八角茴香在去腥提香方面也有一定的作用。

tips 八角茴香的搭配·小·贴士：

八角茴香在食用方面没有特别的禁忌，不过大量食用会对视力造成一定损伤。加之它属性热，不适合热性体质以及老人和孩子大量食用。

为了自身健康着想，每天不要超过10克。

八角茴香的营养成分表
（每100克含量）

热量及四大营养元素

热量（千卡）	195
脂肪（克）	5.6
蛋白质（克）	3.8
碳水化合物（克）	75.4
膳食纤维（克）	43

矿物质元素（无机盐）

钙（毫克）	41
锌（毫克）	0.62
铁（毫克）	6.3
钠（毫克）	14.7
磷（毫克）	64
钾（毫克）	202
硒（微克）	3.08
镁（毫克）	68
铜（毫克）	0.63
锰（毫克）	7.42

维生素以及其他营养元素

维生素 A（微克）	………	7	维生素 E（毫克）	……… 1·11
维生素 B₁（毫克）	………	0·12	烟酸（毫克）	……… 0·9
维生素 B₂（毫克）	………	0·28	胆固醇（毫克）	……… -
维生素 C（毫克）	………	-	胡萝卜素（微克）	……… 40

美味你来尝
——八角陈皮酒

Ready

八角 1 把
陈皮 1 把
米酒 250 毫升

 把陈皮和八角清洗干净，晾干后备用。

 将晾干的陈皮和八角放入米酒中，盖上盖子浸泡 1 个月就可以饮用了。

陈皮和八角清洗后一定要彻底晾干。

★具有健脾开胃的陈皮搭配上助消化的八角，是一道不错的开胃佳品。

孜然
最适合烹饪肉类

学名	孜然
别名	枯茗、孜然芹
品相特征	同小茴香的种子类似

孜然是孜然芹的果实，经过晒干后制作而成。它是烧烤食品不能缺少的调味料。为了挑选到健康、安全的孜然，我们要注意下面几个细节。

好孜然？坏孜然？这样来分辨

OK 挑选法

看整体．颗粒饱满，大小一致，光泽自然，没有残缺或杂质

闻味道．香气浓郁，没有异味

用水泡．漂浮于水面上，水较为清澈

一次吃不完，这样来保存

保存时，我们可以把孜然放到密封的瓶子或者罐子内，盖上盖子后放到阴凉、通风、干燥、避光的地方保存就可以了。采用密封容器既可以防止受潮，也能防止香味挥发。

这样吃，安全又健康

清洗：如果我们选购整粒的孜然，那在食用之前就需要去除其中的杂质，用清水反复淘洗，之后晾干或烘干后再使用。

食用禁忌：孜然是一种属性热的调味料，所以夏季最好少吃或者不吃，患有便秘、痔疮的朋友最好不要吃。

健康吃法：孜然是制作肉类美食尤其是羊肉时不可缺少的调味品，因为孜然有去除羊肉膻味的作用。另外，适量的孜然还具有提升食物香气的功效。想要吃到孜然真正的味道，那建议大家选购孜然粒。

tips

孜然的功效：

祛腥解腻，提升食欲，祛寒除湿，醒脑通脉，理气止痛，治疗胃寒疼痛、肾虚等。

孜然的营养成分表
（每100克含量）

热量及四大营养元素

热量（千卡）	395
脂肪（克）	37
蛋白质（克）	13.2
碳水化合物（克）	2.4
膳食纤维（克）	-

矿物质元素（无机盐）

钙（毫克）	6
锌（毫克）	2.06
铁（毫克）	1.6
钠（毫克）	59.4
磷（毫克）	162
钾（毫克）	204
硒（微克）	11.97
镁（毫克）	16
铜（毫克）	0.06
锰（毫克）	0.03

维生素以及其他营养元素

维生素 A（微克）……… 18	维生素 E（毫克）……… 0.35
维生素 B₁（毫克）……… 0.22	烟酸（毫克）……… 3.5
维生素 B₂（毫克）……… 0.16	胆固醇（毫克）……… 80
维生素 C（毫克）……… -	胡萝卜素（微克）……… -

美味你来尝
——孜然土豆

Ready

土豆 2~3 个
孜然粒 3 克
孜然粉 3 克
黑胡椒粉 3 克

姜末
辣椒粉
食盐
食用油
香菜末

孜然分为孜然粒和孜然粉，选购时建议大家选购孜然粒，回家后自己动手磨制孜然粉，这样味道会更浓郁。

 STEP 01 把土豆清洗干净，放入小锅内，倒入没过土豆的水量，再放入适量食盐。

 STEP 02 开大火煮沸后调成小火再煮 20 分钟左右，直到土豆变软为止。

STEP 03 把土豆晾凉后剥掉外皮切成滚刀块备用。

 STEP 04 锅内倒入适量食用油，油热后放入孜然粒爆出香味，之后放入切好的土豆块翻炒，随之放入姜末、孜然粉、黑胡椒粉、辣椒粉、食盐继续翻炒片刻。

 STEP 05 出锅后撒上香菜末就可以享用了。

★这道美味的孜然土豆在健胃和暖胃方面有一定的作用。

桂皮

解油腻，有助开胃

学名	桂皮
别名	山肉桂、土肉桂、土桂
品相特征	筒状，土黄色

　　桂皮不但是中药，也是食用香料或者烹饪香料。它是一种很早就被人们使用的香料。在挑选时，我们从以下几个方面入手可买到质量上乘的桂皮。

　　桂皮的种类很多，有桶桂、厚肉桂以及薄肉桂。桶桂表皮多为土黄色，常做炒菜的调味品，厚肉桂表皮为紫红色，薄肉桂表皮多灰色，皮内为红黄色，两者多在炖肉时使用。大家在选购时要注意到这一点。

好桂皮？坏桂皮？这样来分辨

OK挑选法

看断面。用手容易折断，断面较平整

尝味道。用牙齿咬一下桂皮，味道清香，凉味比较重，还稍微有一些甜

闻气味。用手抠表皮时有香气浓郁的油质渗出来

看外形。长度35厘米左右，表面密布细纹，皮里为棕红色，有均匀的光泽

听声音。质地坚实，折断时会发出清脆的响声

一次吃不完，这样来保存

　　保存桂皮时，我们可以把它装入密封袋内，扎紧袋口后放到阴凉、干燥、通风处保存就可以了

这样吃，安全又健康

清洗： 一般来说，桂皮在使用之前不需要特别清洗。不过桂皮表面多少会有些灰尘，所以使用之前最好用清水稍微冲洗一下。

食用禁忌： 桂皮虽然是常用的香辛调料，不过不要大量且长期食用，因为它含有致癌的黄樟素。它是一种属性热的调味料，因此夏季最好不要使用，大便干燥或患有痔疮的朋友也不能吃。此外，它还具有活血的作用，所以孕妇最好少吃或不吃。

健康吃法： 桂皮是五香粉中重要的成分之一。桂皮是主要的肉类调味品之一，是炖肉中不可缺少的香辛调料之一。在使用桂皮炖肉时，不要放入太多，以免影响菜肴本身所具有的香气。

tips 桂皮的功效：

祛腥解腻，提升食欲，温肾壮阳，驱寒止痛、消肿，活血舒筋，预防或延缓 II 型糖尿病等。

桂皮的营养成分表
（每100克含量）

热量及四大营养元素

热量（千卡）	199
脂肪（克）	2.7
蛋白质（克）	11.7
碳水化合物（克）	71.5
膳食纤维（克）	39.6

矿物质元素（无机盐）

钙（毫克）	88
锌（毫克）	0.23
铁（毫克）	0.4
铼（毫克）	0.6
钠（毫克）	1
磷（毫克）	167
钾（毫克）	0.8
硒（微克）	-
镁（毫克）	0.63
铜（毫克）	10.81
锰（毫克）	

维生素 A（微克）………-
维生素 E（毫克）………7.9
维生素 B$_1$（毫克）………0.01
烟酸（毫克）
维生素 B$_2$（毫克）………0.1
胆固醇（毫克）………-
维生素 C（毫克）………-
胡萝卜素（微克）

美味你来尝
——菠萝桂皮汁

Ready

菠萝 1 个

桂皮
白糖

STEP 01 把菠萝去掉外皮，清洗干净后切成块备用。

STEP 02 向锅内倒入适量清水，把桂皮、切好的菠萝块以及白糖放入锅内。

STEP 03 用大火煮开，之后调成小火熬煮 40 分钟左右，直到汤汁变浓稠为止。

STEP 04 饮用之前用白开水稀释就可以了。

★ 具有消除积食作用的菠萝搭配上散瘀消肿的桂皮就制作成了一杯美味的饮品。

肉蔻

过量食用危害健康

学名	肉蔻
别名	肉豆蔻、肉果、玉果、豆蔻、肉果、顶头肉
品相特征	卵圆形或椭圆形

肉蔻是植物肉豆蔻成熟的干燥种仁，有浓郁的香辛味，是制作美味佳肴常用的香料之一。

好肉蔻？坏肉蔻？这样来分辨

OK 挑选法

看重量。选择质量比较重，质地坚硬者

看整体。整体完整，个头大，饱满，质量上乘

闻气味。打开后香气浓郁，没有异味

看外形。颜色以灰绿色或暗棕色为主，表面分布着网状沟纹

一次吃不完，这样来保存

保存肉蔻时，我们可以把它装入保鲜袋内，扎紧袋口后放到阴凉、通风、干燥、避光的地方保存，一定要注意防止它受潮变质。

这样吃，安全又健康

清洗：肉蔻在使用之前一般不需要特别清洗。它作为一种调味品，在使用之前为了保证干净，可以用清水稍微冲洗一下。

食用禁忌：肉蔻不能大量使用，因为它含有一种肉豆蔻醚，此物质会让大脑兴奋或产生幻觉，一旦大量使用便会造成瞳孔放大或昏迷，严重者可能导致死亡。

健康吃法：肉蔻作为一种调味品，不但能去掉肉中的异味，还能提升菜肴的香气。它常被用到酱肉的制作中，不但如此，把它研成粉末后还能用来制作甜点，比如巧克力或布丁等。

肉蔻的功效：

开胃、促进食欲，消除水肿胀痛，抑制或麻醉作用、抵抗炎症等。

肉蔻的营养成分表
（每100克含量）

热量及四大营养元素

热量（千卡）	465
脂肪（克）	35.2
蛋白质（克）	8.1
碳水化合物（克）	43.3
膳食纤维（克）	14.4

矿物质元素（无机盐）

	42
钙（毫克）	1.53
锌（毫克）	1.3
铁（毫克）	25.6
钠（毫克）	26
磷（毫克）	61
钾（毫克）	0.46
硒（微克）	—
镁（毫克）	1.14
铜（毫克）	1.09
锰（毫克）	

维生素以及其他营养元素

维生素 A（微克）·········-
维生素 B₁（毫克）·········-
维生素 B₂（毫克）·········0.26
维生素 C（毫克）·········-

维生素 E（毫克）·········5.9
烟酸（毫克）·········3.5
胆固醇（毫克）·········-
胡萝卜素（微克）·········-

美味你来尝
——肉蔻陈皮炖鲫鱼

Ready

鲫鱼 400 克
肉蔻 6 克，
陈皮 6 克
延胡索 6 克

姜片
葱段
酱油
食盐
白糖
味精
料酒
淀粉
猪油

STEP 01 把鲫鱼杀好，清洗干净备用。

STEP 02 把清洗干净的鲫鱼放到沸水中焯一下，捞出后沥干水分晾凉后备用。

STEP 03 把肉蔻、陈皮、延胡索放入鱼肚内。

STEP 04 向锅内倒入适量清水，放入葱段和姜片后调入酱油、食盐、白糖、料酒、猪油，同时放入装好香料的鲫鱼用大火煮沸后调成小火炖出香味，之后调入味精搅匀后用水淀粉勾芡就可以了。

鲫鱼放入沸水中稍微焯一下主要是为了去腥。

★美味的鲫鱼加上助消化、开胃的肉蔻，味道更加鲜香了。

常见的粉状调味品

食盐
健康吃盐有方法

学名	食盐
别名	餐桌盐
品相特征	白色，颗粒状晶体
口感	咸

食盐是厨房最为常见的调味料，同时也是人类不能缺少的重要物质之一。食盐的主要成分是氯化钠，很多地方会在其中添加一些像碘、钾、铁、锌、硒等元素来弥补当地缺乏此元素的不足，也有低钠盐。种类不同食用的人群也不同。大家要根据当地和自身情况选择合适的食盐种类。

好食盐？坏食盐？这样来分辨

NG 挑选法

❌ 颜色淡黄色或暗黑色——可能是假冒的食盐，最好不要买。

❌ 食盐颗粒大小不一，甚至有杂质——口感较差，最好不要买。

❌ 品尝时，味道怪异或有臭味——可能是假食盐，质量次。

❌ 抓一下，感觉潮湿甚至有结块、粘手的现象——可能已经变质，最好不要买。

❌ 把碘盐撒到马铃薯上，马铃薯没有变蓝——假碘盐，不要购买。

❌ 包装上没有正规生产厂家，也没有防伪标识——质量较次，不宜购买。

OK挑选法

颜色洁白，有自然的光泽

包装完整，厂家正规，有防伪标识

食盐颗粒大小均匀，没有杂质等

用手抓时感觉干燥，松散

尝起来咸味纯正，没有其他异味

一次吃不完，这样来保存

生活中，很多人喜欢把食盐放到敞口的容器内，其实这样的做法并不正确，因为食盐的吸湿性非常强，长时间暴露在空气中会让它结晶，其中含有的碘元素等更容易挥发掉，从而让碘盐失去真正的价值。那应该如何保存食盐呢？

恰当的方法：把食盐放入塑料容器或者不透明的玻璃、瓷质容器内，把盖子拧紧后放到阴凉、通风、干燥、避光的地方即可。需要注意的是，存放食盐不能使用金属容器，因为食盐中的氯化钠会和金属发生化学反应，从而腐蚀金属。另外，一次性不要买太多，吃完再买。

这样吃，安全又健康

在食用食盐时，我们要掌握下面这些正确的使用方法，以免影响食盐的功效。烹饪菜肴时，最好在出锅之前放入食盐调味，不要用热油炸食盐，也不要在中途放食盐，以免破坏食盐的营养成分。

早上空腹喝一杯淡盐水，不但能达到清除胃火、消除口臭等作用，还具有改善消化吸收能力、增进食欲和清理肠胃的功效。把食盐稀释成浓盐水涂抹于发根处能有效防止脱发。用淡盐水漱口能达到杀菌、保护咽喉的功效。不仅如此，食盐还具有美容减脂、预防蛀牙、清除油腻、杀菌防腐等功效。不过，患有高血压、心血管疾病以及肾脏病的朋友要控制摄入食盐的量。

食盐的营养成分表（每100克含量）

热量及四大营养元素

热量（千卡）	-
脂肪（克）	-
蛋白质（克）	-
碳水化合物（克）	-
膳食纤维（克）	-

矿物质元素（无机盐）

钙（毫克）	22
锌（毫克）	0.24
铁（毫克）	1
钠（毫克）	39311
磷（毫克）	-
钾（毫克）	14
硒（微克）	1
镁（毫克）	2
铜（毫克）	0.14
锰（毫克）	0.29

维生素 A（微克）	———	维生素 E（毫克）	———
维生素 B₁（毫克）	———	烟酸（毫克）	———
维生素 B₂（毫克）	———	胆固醇（毫克）	———
维生素 C（毫克）	———	胡萝卜素（微克）	———

美味你来尝

——盐烤花生米

Ready

花生米 200 克
食盐 20 克

开水

STEP 01 把食盐放入容器内，向容器内倒入开水稀释好，之后把清洗干净的花生米放入盐水中浸泡 1~2 个小时。

STEP 02 捞出浸泡好的花生米，沥干水分备用。

STEP 03 把沥干水分的花生米铺到烤盘上，放入预热 200℃的烤箱内烤 5~10 分钟，关火后拿出烤盘摇晃，之后再用 120℃烤 5~8 分钟，拿出晾凉后即可食用。

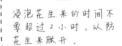
浸泡花生米的时间不要超过 2 小时，以防花生米胀开。

★滋养补益的花生米搭配上食盐制作成了一道美味的小零食。

学名	白糖
别名	白洋糖、绵白糖、白砂糖、糖霜
品相特征	白色，颗粒状
口感	清甜

　　白糖是取甘蔗或甜菜的汁，经过一系列工艺后制作而成。它是厨房的常客，在烹饪美味，尤其是甜口的菜肴时是不可缺少的。市场上常见的白糖有两种，一种是白砂糖，另一种是绵白糖。前者颗粒较大，晶面较为明显，质地坚硬。后者颗粒较小，质地绵软，整体较为润泽。白糖在选购和食用时都要掌握正确的方法，不然很难让身体吸收到它的营养成分。

好白糖？坏白糖？这样来分辨

❌ 色泽暗淡发黄，有结块——存放时间太长，可能长了螨，不要吃。

❌ 晶体颗粒大小不一，松散性差，潮湿——质量较次，不适合选购。

❌ 闻起来有酸味、酒味或异味——存放时间太长，可能变质了，不要购买。

❌ 稀释后溶液中有悬浮物或者沉淀——质量次，最好不要买。

❌ 尝一下稀释后的溶液甜味淡甚至有异味——劣质白糖，不能购买。

❌ 散装白糖——暴露在空气中容易受到细菌、灰尘的污染，还容易吸收水分，质量较次。

OK挑选法

包装完整，厂家正规，生产日期以及成分等清楚明了

颜色洁白，有自然的光泽

稀释的溶液清澈，没有悬浮物或沉淀

晶体颗粒大小均匀，没有杂质或异物

摸上去颗粒松散，干燥，没有粘手的感觉

闻起来有白糖的清甜味，尝起来甜味纯正

一次吃不完，这样来保存

　　白糖对环境的要求较为严格，存储环境的湿度不能太大，温度不能低于0℃，不能高于35℃，从这一点我们就可以推断出，买回的包装完整的白糖是不可以放在包装袋内保存的。那应该如何保存它呢？

　　恰当的保存方法：把白糖装入瓷罐或者玻璃瓶内，拧紧盖子放到阴凉、通风、干燥、避光的地方保存即可。值得注意的是，在保存时，需要防止老鼠、苍蝇、蛾子以及虫子等侵害。另外，在存放白糖的容器旁边，不要放容易蒸发水分或者味道非常怪异的东西。

这样吃，安全又健康

　　白糖含有的营养元素虽然不及红糖，不过营养功效也较为显著，有润肺止咳、滋阴生津、舒缓肝气等功效。适当吃一些白糖能有效提升人体吸收钙的效率，为身体提供能量。另外，白糖在促进细胞生长和伤口愈合方面也有一定作用。不过，血糖较高或患有糖尿病的朋友不能吃。

　　为了身体健康，大家在食用白糖时要注意下面这个细节——白糖尤其放了很长时间已经变黄的白糖不要直接生吃，因为它里面可能有螨。正确的食用方法是高温加热 3~5 分钟。在烹饪酸味的菜肴时，不妨放一些白糖来缓解酸味，让菜肴更加可口。烹饪时，如果食盐放多了，可以放一些白糖中和一下。另外，白糖在烹饪中还具有拔丝、上色、霜化和防腐的功效。

白糖的营养成分表（每100克含量）

热量及四大营养元素

热量（千卡）	396
脂肪（克）	-
蛋白质（克）	0.1
碳水化合物（克）	98.9
膳食纤维（克）	-

矿物质元素（无机盐）

矿物质元素	含量
钙（毫克）	6
锌（毫克）	0.07
铁（毫克）	0.2
钠（毫克）	2
磷（毫克）	3
钾（毫克）	2
硒（微克）	0.38
镁（毫克）	2
铜（毫克）	0.02
锰（毫克）	0.08

维生素以及其他营养元素

维生素 A（微克）………-	维生素 E（毫克）………-
维生素 B₁（毫克）………-	烟酸（毫克）………0·2
维生素 B₂（毫克）………-	胆固醇（毫克）………-
维生素 C（毫克）………-	胡萝卜素（微克）………-

美味你来尝
——蛋香脆麻叶

Ready

面粉 220 克
鸡蛋 2 个
白糖 40 克
芝麻 20 克
食盐 3 克

食用油

 STEP 01 把面粉放入大盆中，把鸡蛋液打出放入大盆中，把白糖、芝麻和食盐一起放入大盆内。

 STEP 02 将上述材料和成面团，饧 20 分钟左右。

 STEP 03 把饧好的面擀成厚 2 毫米的面皮，之后用刀子切成宽 3 厘米，长 6 厘米的条，再在面条的中间划开一道口子。

 STEP 04 把面条的两端从口子内穿过去就成了麻叶。向锅内倒入适量食用油，油六成热后把制作好的麻叶放入油锅内炸制上色即可。

★润燥明目的鸡蛋和芝麻搭配上润肺生津的白糖组合成了一道美味的小零食。

红糖
煮成糖水更易吸收

学名	红糖
别名	沙糖、赤沙糖、紫沙糖、片黄糖
品相特征	红色，颗粒状晶体
口感	甜，有甘蔗汁的清香味

红糖是甘蔗的茎压榨出汁液后加工成的红色晶体。它保留了甘蔗汁的营养成分。常见的红糖和现在常说的黑糖其实是用相同的方法制作而成的，营养元素也几乎差不多。

目前市场上红糖的种类有很多，像姜汁红糖、产妇红糖、经期红糖等，其中产妇红糖对产后身体恢复有一定功效，经期红糖适合女性经期食用。红糖的种类不同，功效自然也有所不同，大家可以根据自身需要选择合适的红糖。

好红糖？坏红糖？这样来分辨

NG 挑选法

⊗ 颜色很深，几乎成了黑色——颜色越深质量越差。

⊗ 散装红糖——容易滋生细菌，受到灰尘污染，质量较次，不宜选购。

⊗ 红糖呈块状，有杂质——口感和营养较差，质量次。

⊗ 溶解后水中有悬浮物或沉淀——质量比较次，不宜选购。

⊗ 闻起来有酒味、酸味或者异味——可能已经变质，无法食用。

⊗ 尝一下有苦味或者其他异味——质量较差，最好不要购买。

OK挑选法

包装完整，产品合格，厂家正规，有生产许可证等

颜色赤色，晶体颗粒或粉末状

溶解后溶液没有沉淀、杂质或悬浮物

尝起来有蜜糖的味道，甜中带鲜

整体干燥，松散，没有结块或成团现象

整体洁净，没有杂质或异物

闻起来有甘蔗汁的清香味道

一次吃不完，这样来保存

　　红糖一旦保存方法不恰当，便会结成硬块，这是因为红糖中的还原糖和杂质具有很强的吸湿性。所以在保存红糖时，一定要选择干燥、通风的环境。

　　恰当的保存方法：把红糖装入颜色较深的储藏罐内，盖上盖子放到阴凉、通风、干燥、避光的地方。

　　一旦红糖受潮结块后，不可用锤子等敲碎，这时我们可以把红糖放到湿度较高的地方，再在红糖上盖上三层干净的湿布，让它通过再次吸收水分松散开。另外，我们也可以向保存红糖的罐子内放苹果块或者胡萝卜，这样也能让它慢慢变软。

这样吃，安全又健康

　　红糖在食用时，需要用开水把它稀释到一定浓度。

　　红糖中含有多种氨基酸以及多糖类物质，能为细胞提供能量，达到补虚的功效，很适合大病初愈、体弱的朋友食用。它含有的叶酸以及微量元素等在加速血液循环、提升机体造血功能、补血活血方面有一定作用，因此适合产后孕妇食用。另外，红糖还具有美容养颜的功效，因为它含有的纤维素和天然酸类能恢复肌肤弹性，减少皮肤色素堆积。不过，患有糖尿病或血糖较高的朋友最好不要吃红糖。它也不适合阴虚内热、消化功能不好的朋友吃。

红糖属于性温的调味品，因此夏季要少吃，冬季可以适当多饮用些红糖水。红糖水常在产后让新妈妈饮用，在饮用时大家一定要注意，产后饮用 7~10 天最佳，因为此时它能促进体内恶露排出。一旦超过 10 天就不要饮用了，以免导致恶露排出的时间延长。另外，很多人喜欢生吃红糖，其实这样不如把它制作成红糖水饮用更健康，因为溶解后红糖的营养元素更容易被人体吸收。

tips 红糖的搭配小·贴士：

- 红糖 + 小米：红糖含有铁元素，具有补血、排淤血的作用，小米具有健脾胃和补虚损的作用，两者一起吃能达到补血补虚的作用。

矿物质元素（无机盐）

钙（毫克）	157
锌（毫克）	0.35
铁（毫克）	2.2
钠（毫克）	18.3
磷（毫克）	11
钾（毫克）	240
硒（微克）	4.2
镁（毫克）	54
铜（毫克）	0.15
锰（毫克）	0.27

红糖的营养成分表
（每100克含量）

热量及四大营养元素

热量（千卡）	389
脂肪（克）	-
蛋白质（克）	0.7
碳水化合物（克）	96.6
膳食纤维（克）	-

维生素A（微克）	-	维生素E（毫克）	-
维生素B₁（毫克）	0.01	烟酸（毫克）	0.3
维生素B₂（毫克）		胆固醇（毫克）	-
维生素C（毫克）	-	胡萝卜素（微克）	-

美味你来尝
——生姜红糖水

Ready

生姜 10 克
红糖 30 克

水

 STEP 01 生姜去皮后清洗干净切成丝备用。

 STEP 02 向锅内注入适量水，把切好的姜丝放入锅内，用大火煮沸。

 STEP 03 稍煮片刻后把红糖倒入锅内，搅拌均匀再煮 5 分钟左右即可出锅饮用了。

如果有咳嗽或者风寒感冒的症状，那可以加入 3 瓣大蒜。

★生姜红糖水要趁热饮用，这样才能达到驱寒暖胃的作用。

学名	味精
别名	味素、味粉、谷氨酸钠
品相特征	白色，柱状结晶体或结晶性粉末
口感	鲜味

味精是生活中较为常用的调味品之一。它是利用面筋或者淀粉经过微生物发酵后制作而成的。在烹饪食物的过程中常用它来提味。

好味精？坏味精？这样来分辨

❌ 晶体有结块现象——可能是受潮的味精，质量较次。

❌ 晶体颗粒不均匀，有大量粉末——可能是假味精，不要选购。

❌ 用手摸上去较为粗糙，含有大量杂质——质量较次，口感比较差。

❌ 用水稀释粉末状的味精后水变得浑浊——可能掺了淀粉，质量次，不要购买。

❌ 用温水稀释粉末状的味精时，食盐溶解速度要比味精快——以此来判断是否掺了大量食盐。

❌ 包装有胀袋现象，超过了保质期——可能已经变质，不能食用。

稀释后，溶液散发着浓郁的鲜味，没有其他异味

用水稀释后，溶液透明，没有泡沫或杂质

白色结晶状或者白色粉末状，颗粒大小较为均匀

摸起来较为柔软，不粗糙

没有杂质或结块现象，没有异味

一次吃不完，这样来保存

　　味精中含有一定量的食盐，而食盐的吸潮能力很强，所以在保存味精时，最好把它装入玻璃瓶内，盖上盖子，放到阴凉、通风、避光的地方。从超市买回的味精包装较为简单，为了防止它受潮，买回后第一时间要把它装入密封容器内保存，不要放在包装袋内保存。

这样吃，安全又健康

　　在烹饪时，为了让味精达到提鲜的目的，除了制作汤品之外最好用开水把它稀释后再使用。

　　味精实际上含有的营养成分非常少，主要成分为谷氨酸钠，这种物质对改进和维持大脑机能非常有帮助，因此比较适合大脑发育不全，精神衰弱以及精神分裂症的人吃。味精味道有一些酸，属性较平，所以在滋补、开胃和助消化方面有一定的作用，适合食欲不振和胃部吸收能力较差的朋

友食用。虽然味精在上述方面发挥着一定功效，不过它不适合高血压患者食用。

为了让味精提鲜的功效充分发挥出来，在使用它时我们要注意下面这些方面：

高温低温不能用。高温会让味精中的谷氨酸钠变成有毒的焦谷氨酸钠，食用后影响人体健康。低温味精不容易，导致它提鲜的功效大打折扣。一般而言，温度保持在 70~90℃ 味精最容易融化。在烹饪过程中、腌菜以及大火快炒的时候都不要放味精。

酸性、碱性和甜味口感的美食忌放。味精遇到酸难以溶解，碱性食物会让味精释放出一种有害的气体谷氨酸二钠。甜味食品中放入味精会让口感变得不甜不鲜，异常难吃。

不要过量投入。菜肴中放入大量味精会让味道变得很怪异。每人每天食用味精的量要保持在 6 克以下。需要注意的是，为了防止产生依赖，不要每餐每一道菜都放味精。

味精的营养成分表
（每 100 克含量）

热量及四大营养元素

热量（千卡）	268
脂肪（克）	0·2
蛋白质（克）	40·1
碳水化合物（克）	26·5
膳食纤维（克）	—

矿物质元素（无机盐）

钙（毫克）	100
锌（毫克）	0·31
铁（毫克）	1·2
钠（毫克）	8160
磷（毫克）	4
钾（毫克）	4
硒（微克）	0·98
镁（毫克）	7
铜（毫克）	0·12
锰（毫克）	0·67

维生素 A（微克）·············-
维生素 B₁（毫克）········0.08
维生素 B₂（毫克）·············
维生素 C（毫克）·············

维生素 E（毫克）·············-
烟酸（毫克）···············0.3
胆固醇（毫克）·············
胡萝卜素（微克）·············

美味你来尝
——干煸豆角

Ready

圆豆角 500 克
干辣椒 2 个
花椒 10 粒
蒜 4 瓣

食盐
孜然粉
味精
食用油

在油中炸豆角时，要时不时翻动一下，让豆角均匀受热。

STEP 01 把圆豆角清洗干净，切成大约 4 厘米长的段备用。把干辣椒切成小段备用，把蒜剥掉皮后切成片备用。

STEP 02 向锅内倒入大量食用油，油 6 成热时把切好的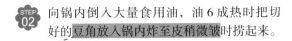豆角放入锅内炸至皮稍微皱时捞起来。

STEP 03 锅内留少许油，放入花椒和干辣椒炸片刻，之后放入蒜片爆香，随即把炸好的豆角放入锅内翻炒。

STEP 04 等豆角外皮稍微有些焦的时候放入适量食盐和孜然粉调味，搅拌均匀后放入味精调味，搅拌均匀就可以出锅了。

★香气浓郁的干煸豆角加入了富含蛋白质的味精，让味道更加鲜美了。

鸡精

受潮后容易滋生细菌

学名	鸡精
品相特征	颗粒状，黄色

鸡精是利用鸡肉、鸡骨以及鸡蛋作为原材料加工而成的一种提鲜增味的调味品。市场上鸡精的质量层次不齐，为了买到正宗、质量上乘的鸡精，大家在选购时一定要到大型超市或正规粮油店，以免买到质量低劣的鸡精，食用后影响身体健康。

好鸡精？坏鸡精？这样来分辨

NG 排选法

看颗粒。颗粒大小均匀，粉末少，颜色黄色，且不是很黄

尝味道。尝起来有咸味、鲜味和鸡肉味，味道正宗

看外包装。包装完整，多是三层铝箔纸，厂家正规，在保质期范围内等

用水泡。把鸡精放入开水中稀释，片刻后水清澈，杯底有大量沉淀物，质量比较次

使用后。质量上乘的鸡精，加入菜肴后鲜味能维持很长时间。

一次吃不完，这样来保存

买回的鸡精多是包装完整的，所以保存时一定要注意密封，使用完毕后要立即封好袋口，因为鸡精中含有的食盐会大量吸收水分，所以为了避免鸡精受潮产生细菌，一定要密封保存。另外，还可以把鸡精装入密封性好的储藏罐内保存。

这样吃，安全又健康

稀释： 鸡精的溶解能力比较弱，除了做汤之外，在使用之前最好用水稀释一下。

食用禁忌： 大部分的鸡精是在味精的基础上添加了化学原料制作而成的。因此它其实对人体是有轻微危害的。大量食用后会让人体短时间内摄入大量谷氨酸，给机体代谢造成巨大压力，从而危害人体健康，严重时还有可能导致中毒。另外，鸡精是一种含有大量动物嘌呤的调味品，所以患有高血压、痛风、肾脏病的朋友最好都不要吃鸡精。不仅如此，鸡精含有大量脂肪和蛋白质，但缺少人体所需的矿物质元素，大量且长期食用会导致身体肥胖或让身体处于亚健康状态。

健康吃法： 在使用鸡精时，我们一定要掌握好放入的时机，最好在食物出锅之前放入。如果制作的汤品需要勾芡，那要在勾芡之前放入。另外，如果烹饪的食物味道较为特殊，比如鱼肉、羊肉等，那就不要放入鸡精调味了，以免降低食物原有的味道。如果烹饪的是酸性口味的菜肴，那也最好不要放鸡精，因为鸡精在酸性物质中很难溶解，这样也就很难达到提鲜的作用了。

tips　鸡精的功效：

提升食欲，帮助消化，补充身体所需氨基酸，维持大脑机能等。

鸡精的营养成分表（每100克含量）

热量及四大营养元素

热量（千卡）	195
脂肪（克）	2.8
蛋白质（克）	10.7
碳水化合物（克）	32.5
膳食纤维（克）	0.7

矿物质元素（无机盐）

钙（毫克）	8
锌（毫克）	0.61
铁（毫克）	1
钠（毫克）	18864.4
磷（毫克）	66
钾（毫克）	88
硒（微克）	1.74
镁（毫克）	2
铜（毫克）	0.14
锰（毫克）	0.16

维生素A（微克）··········· -
维生素B₁（毫克）··········· 0.09
维生素B₂（毫克）··········· 0.05
维生素C（毫克）··········· -

维生素E（毫克）··········· -
烟酸（毫克）··········· 0.56
胆固醇（毫克）··········· 5
胡萝卜素（微克）··········· -

美味你来尝
——清炒西兰花

Ready

西兰花 1 棵
胡萝卜 1 根

鸡精
食盐
食用油

STEP 01 把西兰花掰成小朵，清洗干净备用。把胡萝卜清洗干净了切成片备用。

STEP 02 向锅内倒入适量清水，水沸后加入适量食盐，把掰好的西兰花放入锅内焯1分钟左右，捞出沥干水分备用。之后再把胡萝卜焯1分钟捞出备用。

STEP 03 向锅内倒入适量食用油，油热后下西兰花和胡萝卜片翻炒，之后放入食盐、鸡精调味，搅拌均匀就可以出锅了。

在翻炒西兰花和胡萝片时要用大火，这样炒出的菜肴颜色会很漂亮。

★爽口的清炒西兰花加上提升食欲的鸡精不但味道鲜美了，还能达到利尿消炎的功效呢。

辣椒粉

警惕染色的劣质品

学名	辣椒粉
别名	辣椒面儿
品相特征	粉末状，红色或红黄色

辣椒粉是一种用红黄辣椒以及辣椒籽碾碎成末后形成的一种混合物。

好辣椒粉？坏辣椒粉？这样来分辨

OK挑选法

看颜色。颜色自然，红色或红黄色为主，太过鲜红说明染过色，不能购买

看整体。粉末大小均匀，看上去比较润泽

用水泡。放入水中，水一下子变得浑浊且为红色，说明是染色的，真正的辣椒粉放入水中水不会变成红色

尝一尝。尝起来感觉黏度很高或者牙碜，可能掺了玉米粉或者红砖粉，不宜选购

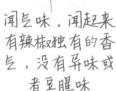

看辣椒籽。真正的辣椒粉中，辣椒籽是淡黄色，而不是红色的

闻气味。闻起来有辣椒独有的香气，没有异味或者豆腥味

一次吃不完，这样来保存

保存时，把辣椒粉彻底晾干，装入密封袋内，密封好后放到阴凉、通风、干燥地方即可。在保存过程中要注意防潮。

这样吃，安全又健康

食用禁忌：辣椒粉是一种味道辛辣，属性热的调味品，所以患有火热病症、阴虚火旺、高血压和肺结核病的朋友以及患有肠胃疾病、痔疮的朋友都最好不要吃。另外，为了自身健康，也不能大量食用辣椒粉，因为过多的食用后辣椒素会刺激肠胃黏膜，导致胃疼、腹泻甚至让肛门有灼热刺疼的感觉。

tips
辣椒粉的功效：

健脾胃，祛风湿，助消化，提升食欲，解热止痛，促进脂肪代谢，减肥，防癌变等。

健康吃法：作为辛辣的调味料，一般情况下，辣椒粉不能单独做菜，可以向美食中加入少许调味。少许辣椒粉和生姜熬汤饮用具有治疗风寒感冒的功效，适合消化不良的朋友服用。很多人会利用辣椒粉制作油泼辣子——向辣椒粉中倒入烧热的食用油搅拌均匀即可。虽然香气浓郁，让人垂涎三尺，不过不能大量食用，以免引起身体不适。

辣椒粉的营养成分表
（每100克含量）

热量及四大营养元素

热量（千卡）	203
脂肪（克）	9.5
蛋白质（克）	15.2
碳水化合物（克）	57.7
膳食纤维（克）	43.5

矿物质元素（无机盐）

钙（毫克）	146
锌（毫克）	1.52
铁（毫克）	20.7
钠（毫克）	100
磷（毫克）	374
钾（毫克）	1358
硒（微克）	8
镁（毫克）	233
铜（毫克）	0.95
锰（毫克）	1.46

维生素以及其他营养元素

维生素 A（微克）………3123		维生素 E（毫克）………15·33	
维生素 B₁（毫克）………0·01		烟酸（毫克）………7·6	
维生素 B₂（毫克）………0·82		胆固醇（毫克）………-	
维生素 C（毫克）………-		胡萝卜素（微克）………18740	

美味你来尝
——豆豉香辣酱

Ready

豆豉 100 克
辣椒粉 60 克
蒜 30 克
花椒 15 克

食盐
生抽
白糖
食用油

在制作辣酱的过程中，火不能太大，以小火为主。

 STEP 01 把豆豉清洗干净，沥干水分后放入捣盅内。

 STEP 02 把蒜剥掉皮，清洗干净沥干水分后放入捣盅内。之后把豆豉和蒜捣成泥状备用。

 STEP 03 向锅内倒入适量食用油，把花椒放入锅内用小火炸香后捞出来。

 STEP 04 把捣成泥状的豆豉和蒜放入锅内，用小火慢慢熬煮。

 STEP 05 熬煮片刻后把辣椒粉放入锅内，之后放入适量的食盐、生抽、白糖搅拌均匀再熬煮 5 分钟左右关火即可。

★香气浓郁的豆豉香辣酱少量食用具有开胃的功效，不可大量吃，以免导致胃痛等肠胃疾病。

古月椒粉
有黑白之分，作用略不同

学名	胡椒粉
别名	古月粉
品相特征	粉末状

胡椒粉是由胡椒树的成熟果实经过碾压制作而成，分为白胡椒粉和黑胡椒粉两种。

好胡椒粉？坏胡椒粉？这样来分辨

OK 挑选法

看颜色。白胡椒粉多为黄灰色，不是白色，黑胡椒粉多为黑褐色，不是黑色

看整体。粉末洁净，均匀，没有杂质或异物

闻气味。有正宗的胡椒香气，刺激性强，闻到之后很容易打喷嚏

用水泡。把胡椒粉放入水中液体上面褐色，下面有棕褐色的颗粒

尝味道。尝起来有辛辣味，味道浓

用手摸。用手摸粉末，手上不会留下颜色

一次吃不完，这样来保存

保存时，把胡椒粉装入密封容器内，密封好后放到阴凉、通风、避光、干燥的地方或冰箱冷藏室保存即可。需要注意的是，因为胡椒粉属于芳香调味料，不能保存太长时间。

这样吃，安全又健康

食用禁忌： 胡椒粉味道辛辣，属性热，因此不适合孕妇和患有胃溃疡、发炎、阴虚火旺以及咳血的朋友食用。另外，一次也不能食用太多，以0.3~1克为宜。

健康吃法： 胡椒粉作为一种香辛调味料，在使用时不能高温油炸，最佳的使用方法是佳肴出锅时添加少许搅拌均匀就可以了。胡椒粉也不能长时间烹饪，因为烹饪时间太长会让它的香味和辣味挥发掉。胡椒粉的种类不同，作用也不太一样。白胡椒粉性温和，比较适合做汤、炒菜和制作包子饺子馅，而黑胡椒香气浓郁，在炖肉、烹制海鲜类美味时常用，也是西餐中不可缺少的调味品。

tips 胡椒粉的功效：

祛痰下气，解毒，帮助消化，去腥解油腻等。

胡椒粉的营养成分表
（每100克含量）

热量及四大营养元素

热量（千卡）	357
脂肪（克）	2.2
蛋白质（克）	9.6
碳水化合物（克）	76.9
膳食纤维（克）	2.3

矿物质元素（无机盐）

钙（毫克）	2
锌（毫克）	1.23
铁（毫克）	9.1
钠（毫克）	4.9
磷（毫克）	172
钾（毫克）	154
硒（微克）	7.64
镁（毫克）	128
铜（毫克）	0.32
锰（毫克）	0.79

维生素 A（微克）………10

维生素 B₁（毫克）………0.09

维生素 B₂（毫克）………0.06

维生素 C（毫克）………-

维生素 E（毫克）………-

烟酸（毫克）………1.8

胆固醇（毫克）………-

胡萝卜素（微克）………60

Ready

米饭 500 克
鸡蛋 2 个
黄瓜半根
胡萝卜半根
青椒 1 个

玉米粒
香葱
食盐
胡椒粉
食用油

米饭最好硬一些，这样放入鸡蛋液中搅拌时容易搅拌开。

美味你来尝
——蛋炒饭

STEP 01 把黄瓜、胡萝卜和青椒清洗干净，切成小丁备用。把玉米粒清洗干净后沥干水分备用。把香葱清洗干净，切成末备用。

STEP 02 把鸡蛋打入大碗中，搅拌均匀后把米饭放入大碗中搅拌，让米粒沾上鸡蛋液。

STEP 03 锅内倒入少许食用油，油热后下少许香葱爆香，之后放入黄瓜、胡萝卜以及青椒丁翻炒，调入食盐和胡椒粉调味，断生后即可出锅。

STEP 04 再向锅内倒入少许食用油，油热后把裹上蛋液的米饭放入锅内翻炒，等到米粒松散开后放入炒好的黄瓜、胡萝卜以及青椒丁翻炒均匀，出锅前撒上香葱再翻炒一下就可以了。

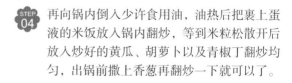

★润燥明目的鸡蛋搭配上富含多种营养元素的蔬菜和提升食欲的胡椒粉，是一道不错的美味。

咖喱粉
掌握健康的烹饪法

学名	咖喱粉
品相特征	粉末状，金黄色

咖喱粉是一种用几十种香料混合制作而成的调味料，源于印度，是东南亚很多国家不可缺少的调人傻味料之一。

咖喱的种类有很多，像日本咖喱、泰国咖喱以及印度咖喱等。不同的咖喱味道也不尽相同。日本咖喱温和中带有甜味，泰国咖喱则偏辣，印度咖喱的口感也偏辣，大家可以根据自己的口感选择不同咖喱。

好咖喱粉？坏咖喱粉？这样来分辨

OK 挑选法

闻气味。有浓郁的香气，甚至有一股药味

看整体。整体洁净，没有杂质或其他异物

看颜色。颜色以金黄色为主

尝味道。尝起来辣中带甜，没有其他异味

看包装。包装完整，厂家正规，在保质期范围内等保存时，把咖喱粉装入保鲜袋内，扎紧袋口放到阴凉、干燥、避光的地方或冰箱冷藏室保存。从超市买回的带有包装袋的咖喱粉打开包装后需要用夹子把袋口密封后再保存。

这样吃，安全又健康

食用禁忌：咖喱粉气味浓郁，口感辛辣，因此不适合胃炎、胃溃疡的朋友吃。另外，生病吃药期间也最好不要吃。

健康吃法：咖喱粉是一种粉末状调味料，很多人在使用的时候喜欢把它直接加入到菜肴中，其实这样的做法是不正确的，因为咖喱粉味道辛辣，香气却稍微差一些，而药味比较突出。想要让它的香气彻底发挥出来，在使用的时候最好先把它同姜、蒜炒制成咖喱油，这样药味减少了，香气也更加浓郁了。

咖喱粉的营养成分表
（每100克含量）

热量及四大营养元素

热量（千卡）	415
脂肪（克）	12.2
蛋白质（克）	13
碳水化合物（克）	63.3
膳食纤维（克）	36.9

矿物质元素（无机盐）

钙（毫克）	540
锌（毫克）	2.9
铁（毫克）	28.5
钠（毫克）	40
磷（毫克）	400
钾（毫克）	1700
硒（微克）	-
镁（毫克）	220
铜（毫克）	0.8
锰（毫克）	-

维生素 A（微克）	110	维生素 E（毫克）	—
维生素 B₁（毫克）	0.41	烟酸（毫克）	7
维生素 B₂（毫克）	0.25	胆固醇（毫克）	—
维生素 C（毫克）	2	胡萝卜素（微克）	690

美味你来尝
——咖喱土豆鸡块

Ready

鸡块 500 克
土豆 2 个
洋葱半个
咖喱粉 20 克
姜片 2 片

生抽
食盐
白糖
料酒
食用油

在炖煮时要翻动两次，因为咖喱粉中含有淀粉，长时间不动容易粘锅。

 STEP 01 把鸡块清洗干净，放入沸水中焯一下，沥干水分后备用。把洋葱清洗干净，切成小块备用。

 STEP 02 把土豆清洗干净，去皮后切成滚刀块，放入油锅内炸至两面金黄，捞出沥干油分。

 STEP 03 锅内留少许油，放入姜片和洋葱翻炒，把用水稀释好的咖喱粉倒入锅内，随即放入土豆块和鸡块翻炒均匀，最后调入适量料酒、生抽、食盐和白糖翻炒。

 STEP 04 向锅内倒入适量清水，用大火煮沸后调成小火炖煮 30 分钟左右就可以出锅享用了。

★这道美味的咖喱土豆鸡块能让人的胃口大开。